主办　中国建设监理协会

# 中国建设监理与咨询

01

2014 / 1

总第 1 期

CHINA CONSTRUCTION
MANAGEMENT and CONSULTING

U0196593

中国建筑工业出版社

**图书在版编目（CIP）数据**

中国建设监理与咨询01 / 中国建设监理协会主办.
— 北京 ：中国建筑工业出版社，2014.11
　　ISBN 978-7-112-17491-1

Ⅰ．①中… Ⅱ．①中… Ⅲ．①建筑工程－监理工作－研究－中国 Ⅳ．①TU712

中国版本图书馆CIP数据核字（2014）第264427号

责任编辑：费海玲　张幼平
装帧设计：肖晋兴
责任校对：姜小莲　王雪竹

中国建设监理与咨询 01

主办　中国建设监理协会

\*

中国建筑工业出版社出版、发行（北京西郊百万庄）
各地新华书店、建筑书店经销
晋兴抒和文化传播有限公司制版
北京缤索印刷有限公司印刷

\*

开本：880×1230毫米　1/16　印张：7　字数：234千字
2014年11月第一版　2014年11月第一次印刷
定价：35.00元
ISBN 978-7-112-17491-1
　　（26702）

在党的十八届三中全会提出全面深化行政体制改革和十八届四届全会明确部署依法治国、依法执政的精神指导下，在全面落实住房城乡建设部工程质量治理两年行动方案行动中，深化建设监理制度改革，充分发挥市场在资源配置中的决定性作用，加强监理行业自律管理制度建设，已经成为新时期建设监理行业发展的历史必然。这是中国建设事业管理制度改革的一个重要组成部分。为了适应深化改革和行业发展需要，加强行业宣传和信息交流力度，树立和提升行业社会形象，应广大企业和会员的强烈要求，经过中国建设监理协会长期认真的策划与准备，在总结、继承和发展原《中国建设监理》内部刊物的有益办刊经验基础上，《中国建设监理与咨询》连续出版物应运而生，担负着推动行业发展与进步的历史使命，与读者正式见面了。这是行业与协会发展进入新时期的重要标志之一。

《中国建设监理与咨询》将担负起行业权威信息报道窗口的作用。在这里，读者将最快的获得与掌握有关行业最新的政府政策、文件，全国和地方行业协会发展动态与活动，国家新颁布的法律、法规和国内外新颁布的技术标准规范，注册执业人员考试、注册与职业道德，以及国际行业发展、活动与交流信息。

《中国建设监理与咨询》将搭建起行业、企业发展交流与咨询的平台。在这里，将为企业就发展创新，取得的经验，遇到的问题，提供发声和反映诉求的可能与场所。在这里，企业可以交流在市场经营中取得的成功经验和案例，寻找企业发展遇到的热点、难点问题解决的思路。可以交流技术进步具体做法与措施，同时解答企业发展中遇到的法律问题，提供法律咨询与援助。

《中国建设监理与咨询》将发挥行业发展的引导作用，充分办好行业发展论坛。在这里，政府部门领导，行业协会领导、学者专家，企业老总，总监理工程师等将就建设监理政策、法规、理论、实践、技术及职业道德等行业发展相关问题发表观点和意见，各抒己见，这里将会产生激烈的思想碰撞，读者将从讨论中获得有益的收获。

《中国建设监理与咨询》将承担起行业发展正能量宣传的历史作用。在这里，弘扬建设监理行业与企业正能力，提升行业社会形象将成为宣传报道的重要内容。出版物将宣传报道行业评选先进企业、优秀总监理工程师和专项监理工程师，优秀管理人员信息与先进事迹，宣传报道企业文化与诚信体系建设。

《中国建设监理与咨询》一定会不辜负全体同仁对监理行业的热爱与对监理行业发展的期望，建设好政府与企业，行业与企业，企业与企业之间交流的桥梁，努力做好工作，推动行业进步与发展。我们相信，在大家的共同努力下，《中国建设监理与咨询》一定会不辱使命，越办越好。

《中国建设监理与咨询》编委会

# 中国建设监理与咨询

## 目录 CONTENTS

**编委会**
主任：郭允冲
执行副主任：修 璐
副主任：王学军 张振光 李明安 汪 洋
委员（按姓氏笔画为序）：
邓 涛 王北卫 乐铁毅 刘伊生 许智勇
朱本祥 孙 璐 李 伟 张铁明 陈进军
杨卫东 周红波 费海玲 唐桂莲 顾小鹏
贾福辉 徐世珍 梁士毅 龚花强 屠名瑚
执行委员：王北卫 孙 璐

**编辑部**
地址：北京海淀区西四环北路158号
　　　慧科大厦东区10B
邮编：100142
电话：（010）68346832
传真：（010）68346832
E-mail：zgjsjlxh@163.com

## 山西省建设监理协会获全省建筑业系统"五一劳动奖状"荣誉称号

山西省建筑业工会联合会近期对全省建筑业系统"五一劳动奖状"、"五一劳动奖章"和"工人先锋号"进行表彰，山西省建设监理协会被授予山西省建筑业系统"五一劳动奖状"荣誉称号。这是省住房和城乡建设厅、民政厅、中监协和省建工联会正确领导的结果，也是广大会员单位大力支持的结晶，更是协会全体人员勤奋服务、持之以恒、坚韧不拔、不懈努力的果实。

成绩说明过去，未来更需创新。协会要按照党的十八届三中全会"关于激发社会组织活力"的指示精神，继续坚持"三服务"（强烈的服务意识，过硬的服务本领，良好的服务效果）宗旨，再接再厉，再攀新的高峰。

## 中国铁道工程建设协会建设监理专业委员会"2014年培训工作会议"在成都召开

近日，中国铁道工程建设协会建设监理专业委员会在成都西南交大科技学院召开"2014年监理人员培训工作会议"。协会副秘书长兼监理委员会主任肖上潘出席会议并讲话，监理委员会副主任邓涛、郭荣清，监理委员会培训部主任参加了会议。中国铁道科学研究院继续教育培训中心、长沙中南大学土建学院、西南交通大学科技学院的主管领导和培训部负责人参加会议。

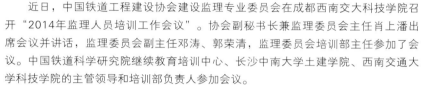

会议总结了2014年上半年监理人员培训工作情况，部署安排了下半年培训工作任务，分析了当前铁路建设形势发展对监理培训工作的要求，讨论研究了《关于加强铁路建设监理人员岗前业务培训工作的指导意见》和《关于加强铁路监理工程师继续教育培训工作的指导意见》等文件的修改意见，确定了注册监理工程师继续教育大纲和教材编写及修改工作方案。

会议提出铁路监理委员会和培训单位要统筹安排，齐心协力，共同做好工作，确保下半年培训任务的顺利完成。铁路培训单位要严格管理，落实制度，重点抓好培训资格审核、课堂纪律、教师考核、考试、判卷和学员管理等环节的工作，确保培训质量不断提高。

## 天津市建设监理行业自律公约启动

2014年9月2日下午，天津市建设监理"行业自律"启动仪式在天津市华夏未来一楼礼堂隆重举行，唱响"恪守职业道德、监理自律而行"的号角。共有来自政府主管部门、协会、建设单位及监理企业代表等400余人参加了此次启动仪式。

自中国建设监理行业自律公约发布以来，天津市建设监理行业在全国监理行业中率先发布自律公约实施细则，揭示建设监理行业管理进入崭新的阶段，同时也展示了监理行业诚信服务的决心，标志监理行业自律管理体系的逐步形成，它以提供高质量的监理服务作为承诺，"一诺千金、践诺必胜"，为规范天津建设监理市场的秩序率先规范自身管理行为，创造公平、公正的市场环境。

中国建设监理协会、天津市城乡建设委员会、天津市社会团体管理局、天津市建设监理协会、天津市建设工程招投标监督管理站相关领导上台为行业自律正式实施启动启动球。

这次启动仪式充分体现了监理行业的凝聚力和行业自律的决心，规范了监理行为，提升了监理行业服务水平。启动仪式伴随"我是监理人"行业之歌的乐曲声，在热烈而庄严的气氛中圆满落下帷幕。（章海华）

## 中电建协第四届电力监理专委会第一次会员代表大会成功召开

2014年7月9日，全国100多家监理企业的"掌门人"齐聚乌鲁木齐，参加一年一度的中电建协电力监理专委会会员代表大会，这也是第四届电力监理专委会成立以来的首次会员代表大会。会中，与会者就当前国家行政管理体制改革及监理体制改革展开讨论。

第四届电力监理专委会会长、广东创成建设监理咨询有限公司董事长兼总经理李永忠在会上就电力监理行业发展状况及协会工作作了2013～2014年度工作报告。

中国电力建设企业协会专职副会长尤京在谈及下一阶段中电建协电力监理专委会的工作时提出了几点希望："中电建协电力监理专委会开展工作已经有十几年的历史了，会员规模迅速壮大，协会职能也得到了有效发挥，已经是一个名副其实的大协会，非常有凝聚力。随着会员准入门槛的进一步提高和工作内容的不断延伸，新一届专委会在任期的第一年将迎来国家深化改革、调整监理制度的一年。面对一系列关于行业改革与发展的深层次问题，希望专委会能够在中电建协的领导下，继续坚持协会的服务宗旨，牢牢把握正确的发展方向，与全体会员企业一道，深入实际搞调研，积极反映企业诉求，继续抓好行业自律，维护市场竞争秩序，深入开展行业文化建设，全面提升管理水平，努力走智力密集型、技术密集型和服务密集型的监理咨询道路。"

对于未来的变革与发展之路，李永忠会长表示："在2014年，我们将从五个方面去努力寻找答案，一是以电力监理理论研究为重点，带动会员单位一起建立学习型监理企业，从理论上解决困扰企业发展的深层次问题；二是以人才队伍建设为根本，建立电力监理企业的人才培养制度，制定电力监理项目的人才需求标准；三是以提高监理技术水平为核心，建立电力监理行业的技术标准和管理体系，推广成熟技术，完善工作标准体系；四是组织和参加各类高端研讨会，通过广泛交流学习形成发展合力；五是参加中国电力建设监理协会组织的工程监理骨干企业工程监理与项目管理一体化服务活动，推进工程项目管理工作，系统总结阶段性成果和经验，大力宣传推广先进经验，努力提高工程项目管理服务水平。"

正如《中国电力报》工程周刊编辑部主任史晓斐所言，电力监理专委会，一个在整个电力行业中算不上庞大的群体，正在历史转折期中，借助行业协会的平台，探寻未来的发展路径。(崔权)

## 注册监理工程师继续教育部分课件编制工作会议在长沙召开

2014年9月17日，中国建设监理协会在湖南长沙召开了注册监理工程师继续教育部分课件编制工作会。湖南省住房和城乡建设厅建管处副处长黄明革到会并致辞，王学军副会长到会并作重要讲话，会议由温健副秘书长主持。参与课件编制的来自全国各地的高校教授、企业负责人等行业专家等20余人参加了会议。

会上王会长介绍了监理改革新动态，并强调了培训工作对提高从业人员素质的重要性。本次会议安排部署了注册监理工程师网络继续教育的逾期初始注册、延续注册的必修课、房屋建筑工程、市政公用工程、公路工程、港口与航道工程课件的编制工作，并就课件编制涉及的课件形式、内容、学时时长、试题数量、成果验收等方面和与会专家作了详细交流并达成一致意见。

会议还就《监理人员职业道德准则》展开了讨论，并形成初稿。湖南省建设监理协会秘书长屠名瑚介绍了湖南省诚信体系及继续教育工作开展情况的汇报。

## 北京市监理协会召开落实住房城乡建设部"工程质量治理两年行动"和住房和城乡建设委会议精神会员专题会议

2014年9月19日，北京市监理协会组织召开落实住房城乡建设部"工程质量治理两年行动"和住房和城乡建设委会议精神会员专题会议。市住房城乡建设委质量处刘文举副处长、于扬正处级调研员、市监理协会李伟会长、张元勃常务副会长参加大会，全市206家会员单位的代表350余人出席了会议。

会议由张元勃常务副会长主持。李伟会长传达了9月4日住房城乡建设部召开全国工程质量治理两年行动电视电话会议的精神，传达了陈政高部长、王宁副部长的讲话，并结合北京工程质量工作的实际，对两位部长的讲话进行了解读，特别是对涉及监理制度走向的"落实五方主体责任、建立三项制度"，以及鼓励监理单位做优做强进行了详细解读。同时李伟会长传达了住房城乡建设委相关会议精神，主要包括对于北京市今年的质量安全工作形势分析、住房和城乡建设委管理部门的工作安排，以及涉及监理行业的具体工作安排。李会长指出：北京市监理行业要统一认识，共同提高；要加强对非会员单位的管理，加强培训工作，完善标准化，踏踏实实地推进监理工作。

市住房和城乡建设委质量处刘文举副处长和于扬正处级调研员也先后在大会上讲话，对今后一段时间的监理行业管理提出了要求。

## 中国石油天然气集团公司监理业务现场推进会在乌审旗召开

2014年9月3日，中石油40余家监理单位的领导齐聚乌审旗，在长庆监理公司第五净化厂监理部召开集团公司监理业务能力提升现场推进会。

集团公司监理业务能力提升现场学习交流推进会由中国建设监理协会石油天然气分会组织，长庆监理公司协办。会议以推进监理行业标准化、信息化建设为目标，选择在石油监理行业领跑监理信息化建设的长庆监理公司气田建设现场召开。集团公司工程建设分公司处长赵彦龙主持会议。

会议听取了长庆监理公司、吉林梦溪工程管理公司、郎威工程项目管理公司的经验发言。长庆监理公司总经理郝世英在会上作了题为"创新监理管控模式 提升服务保障能力 为长庆油田'西部大气建设'贡献力量"的经验发言。会议还听取了第五净化厂监理数字化规范化管理经验交流。

中国建设监理协会副会长修璐就会议情况谈了三点感受。一是监理行业标准化建设非常必要和重要。二是信息化建设是监理行业发展的必然趋势，长庆监理迈出了第一步，推动了监理理念的变革。三是对"如何评价工程监理制度"、"监理行业发展的未来方向"、"行政体制改革对监理行业的影响"等行业发展问题发表了看法，提出了意见。

集团公司工程建设分公司副总经理杨庆前在讲话中指出：长庆油田在推进"西部大庆"建设过程中没有放松工程管理，长庆监理公司的数字化管理经验有深度、有高度，是监理业务能力提升的典型和样板。杨庆前就提升集团公司监理业务提出六点要求。一是认真落实集团公司对监理业务提出的要求，加强监理承包商管理，打造骨干监理企业。二是积极推进监理企业创新。三是大力落实现场标准化管理。四是强力打造监理人员职业化，促进人员素质提升。五是强化监理人员履约，提升行业的公信力。六是加强行业自律和诚信机制，杜绝恶性竞争。

# 住房城乡建设部发布
# 《工程质量治理两年行动方案》

为了规范建筑市场秩序，保障工程质量，促进建筑业持续健康发展，近日住房城乡建设部发布了《工程质量治理两年行动方案》（以下简称《方案》），决定通过工程质量治理两年行动，规范建筑市场秩序，落实工程建设五方主体项目负责人质量终身责任，遏制建筑施工违法发包、转包、违法分包及挂靠等违法行为多发势头，进一步发挥工程监理作用，促进建筑产业现代化快速发展，提高建筑从业人员素质，建立和健全建筑市场诚信体系，使全国工程质量总体水平得到明显提升。

《方案》提出了六项重点工作任务。一是全面落实五方主体项目负责人质量终身责任。明确项目负责人质量终身责任，推行质量终身责任承诺和竣工后永久性标牌制度，严格落实施工项目经理责任，建立项目负责人质量终身责任信息档案，同时加大质量责任追究力度。二是严厉打击建筑施工转包、违法分包行为。三是健全工程质量监督、监理机制。要创新监督检查制度，加强监管队伍建设，突出工程实体质量常见问题治理，进一步发挥监理

作用。鼓励有实力的监理单位开展跨地域、跨行业经营，开展全过程工程项目管理服务，形成一批全国范围内有技术实力、有品牌影响的骨干企业。监理单位要健全质量管理体系，加强现场项目部人员的配置和管理，选派具备相应资格的总监理工程师和监理工程师进驻施工现场。对非政府投资项目的监理收费，建设单位、监理单位可依据服务成本、服务质量和市场供求状况等协商确定。吸引国际工程咨询企业进入我国工程监理市场，与我国监理单位开展合资合作，带动我国监理队伍整体水平提升。四是大力推动建筑产业现代化。五是加快建筑市场诚信体系建设，要求2015年底前各省、自治区、直辖市要完成省级建筑市场和工程质量安全监管一体化工作平台建设，实现全国建筑市场"数据一个库、监管一张网、管理一条线"的信息化监管目标。六是切实提高从业人员素质。进一步落实施工企业主体责任，完善建筑工人培训体系，推行劳务人员实名制管理。

# 住房城乡建设部办公厅发出通知
# 严厉打击建筑施工转包违法分包行为

为贯彻落实全国工程质量治理两年行动电视电话会议精神，近日，住房城乡建设部办公厅下发了《关于开展严厉打击建筑施工转包违法分包行为工作的通知》（以下简称《通知》），要求各地住房城乡建设主管部门按照《工程质量治理两年行动方案》（建市[2014]130号）要求，在两年治理活动期间，开展严厉打击建筑施工转包违法分包行为工作，进一步规范建筑市场秩序，营造良好的市场竞争氛围，保障工程质量，促进建筑业持续健康发展。

《通知》要求对在建的建筑工程（含房屋建筑和市政基础设施工程）项目进行全面检查，查处

存在的建筑施工违法发包、转包、违法分包、挂靠等违法行为。通过自查自纠阶段（2014年9月至10月）、实施检查阶段（2014年11月至2016年6月）和总结分析阶段（2016年7月至8月），对本地区严厉打击建筑施工转包违法分包行为工作情况进行全面总结分析，研究提出建立健全长效机制的意见和建议，形成工作总结报告。

《通知》对工作开展提出了四点具体要求。一是加强领导，周密部署。二是全面检查，从严执法。三是形成合力，务求实效。四是信息公开，社会监督。

# 住房城乡建设部副部长王宁
# 在全国工程质量治理两年行动
# 电视电话会议上的讲话

同志们:

　　针对当前建筑市场和工程质量存在的突出问题,住房城乡建设部决定,从今年9月份开始,在全国开展为期两年的工程质量治理行动。主要任务是,全面推动质量终身责任制的落实,严厉打击转包挂靠等违法行为,健全质量监管机制,提升工程质量水平。

　　今天,我们召开电视电话会议,对治理工作进行部署。政高部长一会儿还要发表重要讲话,大家要认真学习,抓好贯彻落实。下面,我重点讲讲在这次治理行动中,各地要着力抓好的六项主要工作。

## 一、全面落实项目负责人质量终身责任

　　产生工程质量问题的原因很多,但其中一个主要原因是主体质量责任落实不到位,特别是忽略了个人责任。为此,我们不仅要强化企业责任,更要把工程质量责任落实到具体人头上,真正让该负责的人负起责任,并负责到底。具体讲,要抓好四个方面的工作:

　　一是明确责任人和相关责任。就一项具体工程而言,参与建设的单位很多,参与的人也不少,究竟该由谁对工程的质量负终身责任?我们认为,

主要应该由参与工程项目的勘察单位、设计单位、施工单位以及建设单位和监理单位承担。这五个单位,就是我们讲的五方主体。具体到人就是勘察项目负责人、设计项目负责人、施工项目经理以及建设单位项目负责人和总监理工程师。工程项目在设计使用年限内出现质量事故或重大质量问题,首先要追究这五个人的责任,而且是终身责任。在工程项目开工前,五方主体的法定代表人必须签署授权书,明确本单位的项目负责人。最近,部里印发了项目负责人质量终身责任追究暂行办法,对五个主要负责人的职责和终身责任作了明确。

　　二是建立三项制度。为确保工程质量终身责任的落实,我们将建立书面承诺制度、永久性标牌制度和信息档案制度。书面承诺制度,就是要求在工程开工前,五个主要责任人必须签署承诺书,对工程建设中应该履行的职责、承担的责任作出承诺。永久性标牌制度,就是在工程竣工后,要在建筑物明显位置设置永久性标牌,载明五方主体和五个主要人的信息,以便加强社会监督,增强社会责任感。信息档案制度,就是建立以五个主要责任人的基本信息、责任承诺书、法定代表人授权书为主要内容的信息档案。工程竣工验收合格后,移交城建档案部门,统一管理和保存。以利于工程出现质量问题后,能够及时、准确地找到具体责任人,追究相关责任。

三是督促项目负责人履职尽责。五个主要责任人要加强对相关法律法规制度的学习，特别是部里新出台的项目负责人责任追究办法、项目经理责任十项规定、转包违法分包认定查处管理办法等文件的学习理解，熟知自己的岗位职责和责任。各地住房和城乡建设主管部门要加强对各参建单位，特别是对五个主要责任人履职情况实施动态监管，确保五个主要责任人到岗在位、尽职尽责。

这里要特别强调一下项目经理和建设单位项目负责人的责任。项目经理是工程质量管控的核心和关键。部里出台的"项目经理责任十项规定"，明确要求项目经理必须在岗履职，必须对施工质量负全责，不得同时在两个以上项目任职等，项目经理要严格执行。施工企业要选好配好项目经理，并监督考核他们履行好职责。建设单位项目负责人作为业主代表，对保证工程质量也负有重要责任，不得违法发包、肢解发包，不得降低工程质量标准，造成工程质量事故或重大质量问题的，要严格进行追究。

四是加大责任追究力度。这里讲的力度，就是要严管严查、严罚重处，不能手软、决不姑息。凡发生工程质量事故或重大质量问题，都要依法追究这五个人的责任，包括经济责任、诚信责任、执业责任和刑事责任。诚信责任，就是将其不良行为向社会曝光，记入诚信档案，列入黑名单。执业责任，就是给予暂停执业、吊销执业资格、终身不予注册等处罚。项目负责人有行政职务的，还要承担相应的行政责任。触犯刑律的，由司法机关依法追究刑事责任。不管责任人是离开原单位，还是已经退休，都要依法追究其质量责任。需要强调的是，在追究这五个人责任的同时，并不免除其他执业人员、企业法人等相关人员依法应当承担的责任。

## 二、严厉打击转包挂靠等违法行为

转包挂靠等违法行为，严重扰乱市场秩序，影响行业形象，阻碍行业发展，工程质量无法保障，企业责任难以落实，社会反映强烈。下一步，

要着力抓好四项工作：

一是准确认定违法行为。转包挂靠形式多样、手段隐蔽，认定较难。为此，我部制定了相关违法行为的认定查处管理办法，明确界定了转包、挂靠、违法发包、违法分包4种行为的认定标准。各地要认真抓好管理办法的宣传和学习，切实把握认定标准，准确地认定转包挂靠等违法行为。

二是认真实施检查。这次治理行动，主要安排了自查自纠、全面排查、重点检查三个层次。电视电话会议后，到今年10月底前，由建设单位、施工企业开展自查自纠，要对照管理办法，查找、纠正自身存在的问题，并向当地主管部门报告自查自纠情况。2014年11月到2016年6月，由市、县住房和城乡建设主管部门，对辖区内在建的房屋和市政工程进行全面排查。全面排查每4个月组织开展一次。全面排查要重点关注保障房项目、棚户区改造项目，以及城市轨道交通等重大基础设施工程。重点检查主要针对三种情况：第一，群众有投诉举报的；第二，排查中发现有问题的企业，要盯住不放，对其承建的其他项目，都要进行检查；第三，排查中发现有问题的项目，要重点跟踪检查，看是否整改到位。省、部每6个月进行一次督查。

三是严惩重罚违法行为。对检查认定有转包挂靠等违法行为的单位和个人，要严格按照认定查处管理办法的规定，给予罚款、停业整顿、限制招投标、暂停或停止执业、重新核定资质等级等严厉处罚。要通过加大处罚力度，使违法企业和个人付出高昂代价，产生敬畏心理，使其不敢违法，有效遏制转包挂靠等问题。

各地在查处工作中，要把握以下原则：对企业自查阶段发现的问题，并在今年10月底前整改到位的，可以考虑不予追究责任。在主管部门排查中发现问题的，限期内予以整改的，可从轻处罚；限期内不予整改或整改不到位的，要严厉处罚。电视电话会后新开工的项目，一旦发现问题，予以严厉处罚，决不手软。

四是建立社会监督机制。我们要通过畅通投诉举报渠道、曝光违法行为、加强行业企业自律等

手段，建立有效的社会监督机制。充分发挥行业协会的引领作用，倡导企业加强自律，共同维护市场秩序。部里将在门户网站上开设投诉信箱，接受群众的投诉举报。各省、市、县住房和城乡建设主管部门应设立举报电话和投诉信箱。要充分发挥媒体和舆论的监督作用，各地对查处的违法行为，都应在本地媒体上予以公布，并逐级上报。部里将通过全国建筑市场监管与诚信信息发布平台，及时向社会予以公布。对有较大影响的典型案例，还要在全国新闻媒体上曝光。

要充分发挥施工企业自律作用，大型施工企业在治理活动中要严格自律、模范带头，自觉抵制转包挂靠等违法行为，维护市场秩序，传递正能量。

## 三、健全工程质量监督、监理机制

一是不断创新监督检查方式。监督检查是工程质量监管部门最重要的工作手段。各级住房和城乡建设主管部门要不断创新工程质量监督检查方式，改变事先发通知、打招呼的做法，采取随机、飞行检查的方式，通过检查了解工程质量的真实情况，处理违法违规行为。要下大力气整顿工程质量检测市场，进一步完善工程质量检测制度，加强对检测过程和检测行为的监管，严厉打击虚假检测报告行为。

二是加强监管队伍建设。各级住房和城乡建设主管部门要重视加强建筑市场、质量监管队伍建设，在人员、经费、设备等方面给予必要保障。要强化监管人员的业务培训，不断提高监督执法水平。针对当前执法力量比较分散、总量不足的问题，各地要加强统筹，把市场准入、施工许可、招标投标、质量监管、稽查执法等各环节的监管力量整合起来，形成工作合力。要重点发挥质量监督站、安全监督站的作用，既要查现场的质量，也要查市场的违法行为，形成"两场联动"的有效机制。

三是突出工程实体质量常见问题治理。各级住房和城乡建设主管部门要采取切实有效措施，从建筑工程勘察设计质量和住宅工程质量常见问题治

理入手，狠抓屋面、外墙面、卫生间渗漏，门窗密闭不严等质量突出问题。积极推进质量行为标准化和实体质量管控标准化，严格标准规范执行，提高工程质量水平。

四是进一步发挥监理作用。首先，要培育一批有实力的骨干监理企业，扶持它们做优做强。监理企业要健全质量管理体系，切实履行监理职责，全面提高工程监理水平。其次，进一步开放监理市场，吸引国外优秀咨询企业进入我国市场，并通过合资合作带动监理水平的提升。再次，建立完善法规制度，破解体制机制障碍。针对监理人员不足的问题，部里考虑，允许具备一定条件的注册建造师、勘察设计注册工程师等注册人员，直接取得监理工程师资格。各地也要结合实际，研究出台相关扶持政策，真正把监理的作用发挥出来。

在这里，我还要强调一下农房建设质量管理的问题。农房质量是当前村镇建设中面临的一个突出问题，在近年来历次地震灾害中，农房质量问题已引起中央领导和社会的高度关注。各级住房和城乡建设主管部门要切实加强对农房建设质量的指导，推进乡镇建设管理机构和队伍建设。有条件的地方，可以借鉴成都等地的做法，逐步建立村级农房建设协管员。要加强对农村建筑工匠的业务培训，制定适合当地农房建设的质量标准和规范。积极推动农房建设引入轻钢结构、轻质木结构等新技术、新材料，提高农房建设质量水平。

## 四、大力推动建筑产业现代化

一是加强政策引导。在建筑产业现代化的起步阶段，全社会的意识还不够强，用户的认可度还不够高，必须依靠政府的推动、政策的引导。部里正在制定建筑产业现代化发展纲要，初步确定的发展目标是：到2015年底，除西部少数省区外，其他地方都应具备相应规模的构件生产能力；政府投资和保障性安居工程要率先采用这种建造方式；用产业化方式建造的新开工住宅面积所占比例逐年增加，每年增长2个百分点。各地也要明确本地区的近期

和远期发展目标，协调出台税费减免、财政补贴等扶持政策，为推动建筑产业现代化发展创造条件。

二是实施技术推动。各级住房和城乡建设主管部门要及时总结先进成熟、安全可靠的技术体系并加以推广。部里将组织编制建筑标准设计图集和相关标准规范，培育全国和区域性研发中心、训练中心和产业联盟中心。各地也要结合本地实际情况，开展建筑产业现代化技术研究，制订相关地方标准，通过工程试点、技术示范，攻克技术上的难关。同时，要注重培育一批工程设计、构件生产、施工安装一体化的龙头企业，形成产业联盟。

三是强化监管保障。建筑产业现代化生产模式与传统方式有较大差异，给我们的监督管理工作带来了新的挑战。各地在工程实践中，要对建筑产业现代化方式建造的工程严格把关，确保工程质量。要不断总结监管经验，探索适宜的监管模式和方法。部里将在各地实践的基础上，总结推广好的经验做法，在施工图审查、工程招投标、构件生产、现场安装、竣工验收等方面创新监管模式，保障建筑产业现代化健康发展。

# 五、加快推进建筑市场诚信体系数据库建设

近些年来，有的地方在诚信体系建设中，做了一些有益的尝试，取得了良好的效果。建立建筑市场诚信体系，离不开企业、人员、项目数据库的建设。为加快推进诚信体系建设，7月份，部里已出台相关管理办法，对诚信体系建设作出了部署。今年年底前，北京、上海等8个省市将完成三大数据库建设；明年6月底前，天津、河北等10个省市也要完成；明年年底，其余13个省要全部完成，实现全国建筑市场"数据一个库、监管一张网、管理一条线"的监管目标。我们鼓励各地加快推进此项工作进展，尽快完成基础数据库建设，并与部里进行联网。对这项工作，部里将定期进行督查，对完成情况好的，给予一定的鼓励和支持；对工作不力的予以通报批评。

# 六、切实提高从业人员素质

首先，要进一步落实总包企业的责任。各级住房和城乡建设主管部门要按照部里印发的进一步加强劳务管理的指导意见要求，督促施工总包企业，进一步落实在劳务人员培训、权益保护、用工管理、质量安全等方面的责任。施工总包企业要加快培育自有技术工人队伍的建设，实行全员培训、持证上岗。

其次，要完善建筑工人培训体系。各地要建立培训信息公开机制，健全技能鉴定制度。鼓励施工企业探索工人技能分级管理，并与岗位工资挂钩。要督促施工企业做好技能培训工作，对不承担培训主体责任的企业，要依法进行处罚。要加强与相关部门的沟通协调，积极争取、充分利用财政补贴等专项资金，大力培训建筑业从业人员，不断提高产业工人素质。

再次，要推行劳务人员实名制管理。施工企业要严格落实实名制，在施工现场配备专职的劳务用工管理人员，负责登记劳务人员的基本信息、培训技能、诚信状况、工资结算等情况。住房和城乡建设主管部门要做好实名制管理的推广，加强对施工现场的检查，建立劳务人员信息管理系统，提高对劳务人员的管理水平。

最后，我再强调一点，今年初，国务院办公厅印发了《关于进一步加强涉企收费管理减轻企业负担的通知》，各地要认真贯彻落实通知要求，坚决取缔没有法律法规依据的各类保证金，切实减轻企业负担。部里目前正在调查研究，适时出台相关管理办法。

同志们，为完成好这次治理行动任务，部里专门制订了行动方案。各地要按照方案的有关要求，扎扎实实抓好每一项工作。部里将对各地工作开展情况适时进行督查，及时汇总进展情况，并予以通报。

同志们，抓好工程质量、提升工程品质安全十分重要。我们必须站在对历史负责、对人民负责的高度，坚定信心，克服困难，齐心协力完成各项工作任务，努力把工程质量提高到一个新水平。

# 聚焦改革与发展

**编者按：**

　　党的十八届三中全会提出了要充分发挥市场在资源配置中的决定性作用的要求，近期住房城乡建设部出台了《关于推进建筑业发展和改革的若干意见》，提出要进一步完善工程监理制度。

　　如何理解和落实"十八大"精神和《意见》工作要求，在新形势下具有中国特色的工程建设监理制度和监理行业如何发展，是当前行业与企业十分关注的热点问题。本期焦点聚集在国家行政体制改革大背景下，建设监理行业改革与发展。围绕这一主题，中国建设监理协会组织了多种形式的研讨和论坛。行业领导、专家、学者及企业热烈响应并积极参与，发表了很多深化行政管理体制改革对建设监理行业发展有主要影响的观点、经验与建议。本期编辑刊登了部分研究成果文章供广大读者学习、讨论和工作参考，今后我们将继续就这一问题展开讨论，并陆续刊登、报道有关的研究成果和工作经验。

# 深化行政管理体制改革对建设监理行业发展的影响

中国建设监理协会　修璐

管理科学与工程博士，研究员。现任中国建设监理协会副会长兼秘书长。

当前建设监理行业与企业发展比较关注的热点问题是：国家行政管理体制改革会对监理行业与企业发展带来怎样的影响？如何认识和评价具有中国特色的监理制度和监理行业？在充分发挥市场在资源优化配置中的决定性作用的条件下，建设监理行业和企业应如何市场定位？如何看待和应对国家发改委近期调整和部分取消工程监理收费政府行政指导价格问题？如何看待目前正在研究的工程项目强制性监理范围调整问题？监理企业资质标准和执业资格标准与管理方式需不需要改变？广东、深圳进行监理管理制度改革试点情况进展如何？等等。本文拟针对这些热点问题进行理论上的探讨与研究。

## 一、如何评价我国建设监理制度和建设监理行业

建设监理制度和监理行业的建立具有中国特色，是中国改革开放的产物。改革开放30多年来，尤其是近20年来，工程建设发展速度之快，

规模之大，复杂程度之高，是世界罕见的。工程建设监理制度和监理行业对促进我国经济建设发展、保证工程质量安全、保障社会和公众利益作出了巨大的贡献，功绩显著，历史作用和现实作用不可否认，有目共睹。

国际上没有独立的工程监理行业和注册监理工程师执业资格，但是工程监造工作和咨询、管理工作是始终贯穿在工程建设全过程中的。在我国工程建设大规模、快速发展的特殊时期，如何保证建造阶段工程质量安全是政府主管部门和社会主要关注的问题，也是现实存在的需要解决的主要矛盾。因此在这一阶段，管理部门突出和强化了施工阶段工程监理工作。行业发展阶段性地突出了施工阶段监理，大的方向并没有走偏。不同的时期会有不同的主要矛盾，工作重点会根据需要作出动态的调整，因此，我国工程建设监理制度是有根基的。

目前我国仍然处在工程建设快速发展时期，保证施工阶段工程质量安全仍然是政府管理部门和社会关注的主要矛盾。因此，在现阶段，工程建设

监理制度只能加强，不能削弱，但实现方式可进行调整或改革，可由政府直接控制、管理的方式逐步调整到以政府和社会共同控制与管理的方式上来。

## 二、建设监理行业未来发展的基本原则

我国建设监理行业发展不能全面照搬西方做法，坚持中国特色、满足国情发展需要是必须坚持的基本原则。

目前国家仍然处在建设快速发展阶段，努力做好施工阶段监理，全面提升监理队伍整体素质、管理能力和技术水平是建设监理行业首先需要解决的问题。同时，从战略发展角度分析，我国大规模工程建设阶段必然会成为过去，政府和社会关注的主要矛盾也会随之发生转移，市场需求变得多样化，从追求量到追求质的发展阶段正在或即将到来，实施走出去发展战略和引进国外先进技术和企业是必然趋势，因此，我国监理行业要逐步实现与国际市场和管理惯例接轨，部分有条件的企业要完成向工程咨询企业的战略转型。

按照市场经济发展规律，监理企业不能够再同质发展，要按市场需求结构建立企业功能结构和企业类型结构，实现差异化发展，形成多层次、多领域，知识密集型、智力密集型、服务密集型与劳动密集型、劳务密集型、现场监督型类型企业相结合，特点不同、能力互补的企业功能和类型结构。

## 三、建设监理行业与企业未来市场定位和发展思路

建设监理企业未来发展思路应该是建立知识密集型、智力密集型、服务密集型企业与劳动密集型、劳务密集型、现场监督型企业相结合的组织结构，为社会市场多种需求提供各种服务的咨询服务企业。具体说应该是五层金字塔结构形式。企业根据自身条件确定未来发展目标。

（1）专门做施工阶段监理的企业。

（2）部分有条件和能力的企业实现业务范围从施工阶段监理向两头延伸或扩展，开展前期设计阶段监理和后期工程维护、检测、加固监理等方面发展。

（3）部分有条件和能力的企业，尤其是工业领域的监理企业，其业务范围可以向工程建设全过程（EPT）或生命全周期监理和管理方向发展。

（4）部分有条件和能力的企业，尤其是以设计院为依托的监理企业，在做好建设监理业务的基础上，业务范围可以向开展技术咨询、管理咨询服务方面发展。

（5）部分有条件和能力的企业，其业务范围可以实现与国际工程咨询公司接轨，全面开展工程咨询和工程项目管理工作。

## 四、关于部分取消工程建设监理收费政府行政指导价问题

以经济效益为目标，通过市场进行运作的工程建设项目，放开市场价格是实现资源优化配置的必然趋势。通过价格竞争，实现企业优胜劣汰，咨询服务优质优价，不断提高服务范围与水平，创造高附加值服务，淘汰低水平、高消耗企业是资源优化配置的必然结果。放开价格是充分发挥市场机制作用的必然举措，也是国外实行市场经济体制国家通常做法。

以社会效益和公众利益为目标、关系民生的工程项目，追求的不是经济利益和效益最大化，多是政府投资项目。因此，需要有政府指导价格，保证工程建设监理工作到位和基本投入，以确保公众

利益安全，价格体制不易放开。

由于生命线工程、资源性工程、能源工程、环境工程关系到国家的安全和公众利益，必须保证工程质量绝对安全，必须保证足量的工程建设监理资源投入，控制最低成本投入，因此，应根据工程需要，建立监理费用市场最低成本投入价格公示体系。

价格的放开，起到优化资源配置作用的前提是建立以法制、诚信为基础的市场环境，需要各项政策、管理制度协调联动，目前我国工程建设市场环境还不完善，条件还不具备，因此，价格放开不能一蹴而就，需要顶层设计，创造条件，统筹协调推进，逐步放开。推进中过程设计和管控措施非常重要。

## 五、关于调整强制性监理范围问题

政府建立强制性监理制度，根本目的是保证工程质量安全。强制性监理不过是根据发展阶段和需要，保证工程质量的一种有效措施，但不是唯一的措施。可以根据发展阶段和需要的不同，根据工程性质的不同，追求目标的不同，采取多种实现的途径。

以经济效益为目标的社会投资、市场运作工程项目不规定必须进行强制性监理，是落实业主负责制，把权力、责任和利益统一，还给业主的市场化做法，也是国际上通行的做法，其核心是责、权、利统一。但前提是要落实业主法律责任，业主不能只要权和利，不要责任。因此，强化违法责任追究与处罚，才能保证不规定强制性监理的工程项目质量安全。引领非专业人士投资专业领域，必须聘请专业企业或人士提供专业咨询和管理服务，这才是保障监理企业向正确方向发展的基本途径。

以社会效益为目标，关系到民生和公众利益

的工程项目多是政府投资项目，国际通行的做法是政府部门一般设有专门机构实行直接管理和监造，以确保工程质量安全。在目前我国投资体制和管理体制实行统一无差别化管理的情况下，建议对关系到民生和公众利益的工程项目仍要实行强制性监理制度，以确保市场上无巨大经济利益可图的民生工程的质量安全。

对非政府投资，国有投资市场运作的生命线工程、资源性工程、能源工程、环境工程等，考虑到其工程质量安全关系到国家安全和公众利益，且一旦出现工程事故，结果不可逆转等因素，在目前社会诚信缺失的情况下，放开强制性监理规定要慎重，过渡时期要制定质量安全应急方案，要逐步探索建立工程监理社会最低成本投入价格公示制度。

工程建设质量安全管理市场不能出现真空，对于社会投资市场运作的工程项目，在政府强制性监理制度放开的同时，社会监管体系要及时建立和跟进，对工程质量安全进行监管是非常必要的。社会担保、保险、贷款评价机制等社会监管体系亟待建立。

## 六、建设监理市场准入标准与管理问题

目前企业资质和个人执业资格国家多部门多头管理，造成行业管理不统一，政出多门，重复管理，监管不到位，企业负担重，影响企业市场化发展，在当前国家行政管理体制改革中，建议尽快调整和改变这一混乱的状态。企业资质和执业资格双规制在经济体制转轨过程中起到了积极的保障作用，但不是长久之计，其弊端已经突出显现，导致法律责任不清，企业和执业人员买证、卖证、挂靠等影响市场发展的问题越来越严重。注册监理工程师执业资格考试标准定位过高（咨询师），与执

业人员目前具体工作内容（施工阶段监理）错位造成具有注册执业资格的人员过少，满足不了市场需要。同时，地方、行业自设的资格（地方、行业粮票）不断涌现，市场管理混乱。建议按实际发展需要，调整执业资格考试标准条件，扩大执业人员队伍，逐步挤出违规自设的资格。

## 七、行业发展需要研究的问题

充分认识国家对咨询服务业管理制度的改革是管理体制系统性改革，改革的实质和基本思路是充分发挥市场在资源配置中的决定性作用，对咨询服务业，从政府行政直接对行业和市场的管理逐步向以法制为基础，政府宏观调控与监督下的社会行业自律管理制度体系转变。这种转变是必然的，政府部门、行业和企业要适应这种转变。政府有关行业主管部门要完善行业和市场管理顶层设计，有计划、有步骤，积极稳妥推进行业管理制度改革，建立完善的以社会管理为核心的行业自律管理制度体系。政府管理部门要建立宏观调控体系及对市场各方主体行为及行业协会组织监督管理制度政策。要逐步建立政府投资项目和非政府投资项目工程质量安全差异化管理制度，充分注意投资主体性质差异带来的管理目标、管理主体和管理方式的差异。各级立法部门要加快行业管理方面立法，完善各项管理制度，使各项管理有法可依，规范管理。目前有关立法工作滞后，相互制约，尤其是缺少专门阐述和规范监理行业的综合性法规，影响行业的定位

与发展。要积极推进《中华人民共和国建设监理条例》的制定和颁布工作。

监理企业发展与经营思路要适应发展需要进行必要的调整与转变，逐步调整到如何围绕市场需求，为业主提供更多高品质、高质量服务，创造更大、更多经济价值与社会价值方面来。从吃"政策保障饭"转移到吃"市场价值饭"，从吃"政府饭"转移到吃"雇主饭"。同时建立社会化的企业无形资产和风险防范体系。

市场管理不能真空，行业协会组织要加快行业组织职能转变和自身建设，担负起行业发展与自律管理的重任。要遵守国家法律，坚守职业道德，建立诚信体系，完善自律机制，维护国家、社会和会员的利益，要保障工程建设市场行为规范，运作正常，保证工程质量安全。

# 深层总结  深刻认识
# 深化改革  深入发展
## ——中国实行建设监理制度漫谈

广东省建设监理协会  朱本祥

硕士学位，建筑工程高级工程师，具有国家注册监理工程师、香港建筑测量师资格。现任广东省建设监理协会秘书长。

## 一、中国建设监理制度的评价

### （一）中国建设监理制度的产生与意义

20世纪80年代以来，中国实施改革开放和发展经济的重大国策。随着我国经济体制的改革，工程建设规模不断扩大，建设投资也日益多元化，大规模、多业主、少经验、缺人才的特定历史条件下，原有建设单位临时组建班子、工程建成后又解散的工程项目管理模式，弊端突出，难以为继，迫切要求有专业化、社会化的工程管理机构来科学、系统地进行管理，参照国外工程咨询服务体制，建立中国建设监理制度势在必行。因此，1988年7月，建设部发出了《关于开展建设监理工作的通知》，明确提出要建立建设监理制度，从1988年开始试点，计划5年后逐步推行。1995年建设部发布《工程建设监理规定》明确了建设监理的定义和范围，标志着建设监理制度在全国全面实施。1997年《中华人民共和国建筑法》颁布，明确规定国家推行建筑工程监理制度，标志着建设监理制度在我国已得到充分肯定，具有了法定地位。

建设监理制度推行以来，解决了中国工程建设领域高端管理人才缺失、监督管理经验不足和现场过程缺乏独立社会机构监管等问题，为我国大规模工程建设项目上马和快速经济建设提供了质量、安全保障，增进了工程建设进度和投资效益，有利于我国建设项目管理体制与国际上通行的管理体制衔接，促进了社会主义市场经济体制、机制的完善和可持续健康发展。

中国建设监理制度是改革开放政策的必然产物，也是中国特色市场经济的必然产物。它在当前

中国建设监理与咨询 China Construction Management and Consulting | 2014 / 1 | 本期焦点：聚焦改革与发展

和今后一段时间内，与我国市场经济建设和发展紧密相联，不可分割，不可舍弃，在全面深化改进的进程中应始终坚持和不断完善。

**（二）中国建设监理制度的特色**

26年来，中国建设监理制度已经形成了自己鲜明的特色，突出体现在四个方面：

一是在建设监理行业准入方面，实行了以监理企业资质为依托与以注册监理工程师个人执业资格为主体，两者紧密结合的双重准入管理机制。这种双重管理既考虑到了我国经济体制下企业性质的多样性，又考虑到了国际上强调个人执业的专业化、规范化要求，实现了双重责任制度的有机结合。从现阶段来看，建设监理制度既能满足工程管理需要，与工程建设规模不断扩大的实际相适应，又能与我国市场经济建设的体制、机制和目标相适应。

二是在建设监理覆盖的范围上，实行了强制监理与非强制监理相结合。建设工程监理制推行以来，各级政府部门纷纷制定了有关的法律、法规和规章，明确规定必须实行建设工程监理的工程范围，并积极宣传和推行建设监理制度，准确抓住了我国工程建设的主体和重点，较好地保证了我国工程建设的质量、安全和综合效益；同时，将一部分工程纳入非强制监理范围，让市场根据实际需要，发挥自主决策作用。这种适度的强制性监理与非强制性监理的结合，既能发挥有限的监理专业技术资源的积极作用，又能激发市场经济发展的活力。各地如何把握这一特色，做到适度，需要在实践中不断完善。

三是在监理收费上，实行了政府指导价与市场调节价相结合。根据建设工程项目性质、规模和关系社会公共利益、公众安全程度的不同等情况，监理服务收费实行政府指导价和市场调节价两种价格制度，也是我国社会主义市场经济环境下，实施建设监理制度的必然措施和合理结果。依法必须实行监理的建设工程施工阶段的监理收费，实行政府指导价，保证有足够的监理收费，是保证工程建设监理发挥应有作用的前提；其他建设工程施工阶段

的监理收费和其他阶段的监理与相关服务收费实行市场调节价，是根据市场实际需求，调整和分配监理资源的客观和必然反映。实施建设监理制度，从实际出发，严格执行相应价格规定，还有待加强。

四是在建设监理工作职责方面，实行了履行建设单位合同职责与承担一定社会责任相结合。我国的工程建设监理，吸纳国际工程管理咨询服务的主体内容，承担了为投资者（建设单位）提供工程建设项目技术和管理上全面服务的职责；同时承担了为社会提供对建设工程依法依规实施和建设过程安全生产管理进行监督协调的法定职责，从而把国际工程咨询服务体系与中国实际国情有机地结合在一起，成为中国特定历史条件下符合国情的、较有效的、不可或缺的一项工程管理制度，不但作用明显，意义也深远。

**（三）中国建设监理制度实施中存在的问题**

实践证明，中国建设监理制度本身没有什么问题，是一个好制度，但在其实施过程中必然也出现一些不够完善的问题，当前坚持和完善建设监理制度，急需解决的问题主要在四方面：

一是困扰监理发展的"三低问题"。较长时间以来监理收费低，监理人员素质低，监理服务的价值低，三者形成恶性循环，监理企业经济支持力严重不足，一直困扰和制约着建设监理行业的发展。国家相应法规政策引导和监管不足，行业自律机制难以建立或尚未完善，企业生存的社会竞争压力不减等是其根本原因。

二是困扰监理工作发挥成效的责权利严重不对等问题。开展具体监理工作时，监理人员一方面要为建设单位提供合同约定以外的责权利不对等的大量监理服务工作；另一方面，还要按照地方政府部门和机构的要求，承担责权利不对等的工程安全管理方面的非法定责任。监理人员在随意被指责、批评和处罚的高压力下，难以独立自主地按照专业化、规范化来行使工程项目监理职权。项目监理机构的工作常常受制于外部干扰和影响，以至于实际监理工作往往是被动应付，难有时间和精力去

20

做好监理的本职工作，难以发挥应有的监理成效。

三是困扰政府监管的法制不健全、执法不力的问题。建设监理制度推行才二十多年，其法制尚不够健全，政府监管的力量本来就不足，难以关注和重视监理，以致监理行业中目前存在的诸如监理收费过低、人才严重不足、监理企业过多过滥、不良经营活动和行为时常发生等问题，与政府监管不到位是有很大关系的。政府主管部门监管的措施不足，侧重资质、资格前置性审批监管，缺乏过程监管和清出机制。同时，还有一些部门和地方管理错位，如监理资质和执业资格，多部门发、多部门管，而且互不认可；一些行业和地方保护主义不同程度存在，以业绩、税收等名义设置门槛，阻止外行业和外地企业进入，严重影响了监理行业的健康发展。

四是困扰行业管理的行业自律诚信管理缺乏措施问题。改革开放几十年来，各方面力量注重在经济增长及其速度上，社会综合管理和行业自律管理的建设相对比较薄弱，以致一些监理企业和监理人员自身不诚信、不规范的行为难以铲除。作为社会治理力量的行业管理机构，行业协会不能制定和采取有效的行业自律管理措施，以致监理行业内不良行为常有出现。例如：一些监理企业为了扩大监理经营业务规模或增加业绩，违法让别人挂靠监理或搞虚假监理；有的企业为了能承接到业务，恶性低价竞争；有的企业为了节约成本，项目监理机构的资源配置严重不足，人员不到位，服务不到家；有些监理人员职业道德不良，责任心不强，不认真履行职责，把不了质量安全关，不能给建设单位提供满意的服务。

### （四）中国建设监理制度成就的评价

26年来，中国建设监理走过了一条不断探索、艰苦奋进和卓有成效的道路，建设监理所取得的成就是有目共睹的，概括起来主要表现在如下几方面：

一是实现了我国工程建设主要管理方式向社会化、专业化方向转变，促进了我国工程投资环境和工程管理机制的改善，促成了大规模工程建设项目又好又快地顺利完成。

二是完善了我国工程建设管理体制，使我国工程建设管理方式方法与投资体制多元化、经济增长快速化、技术管理科学化的社会主义市场经济发展要求相适应，并促进了我国工程建设管理与国际接轨。

三是改善了我国工程建设主体的责任承担机制，初步形成了工程建设管理责任追究的法制环境，有效地保障了各类工程建设的质量安全和综合效益，促进了我国社会经济基本建设的基础完善和广大人民生产生活环境的改善。

四是初步建立了我国工程建设监理理论体系，积累了大量工程建设管理经验，培养了大批工程建设管理管理人才，为我国乃至世界现代化工程建设管理奠定了科学技术进步的基础。

26年来，中国建设监理在具体工程建设项目上所取得的成绩不胜枚举。行业内外、上上下下应保持清醒的认识，不能因为建设监理还存在一些问题和不足而看不到监理成绩，也不能因此对监理持怀疑态度，更不能因此对监理加以否定。

## 二、中国建设监理制度的认识

国家推行任何一项政治、经济或者社会管理的制度，往往伴随着很多复杂的历史背景、现实因素和过程环节，尤其是处在改革与发展时期的今天，我们更要以审慎、严谨、务实的心态来深刻认识中国的建设监理制度，切不可浅尝辄止，限于表象。

### （一）关于监理制度必要性和重要性的认识

建设监理是建筑市场两大主体不可缺少的次体，而不是建筑市场的主体。笔者认为把监理当成建筑市场的一个主体非常不妥，建设监理的许多困扰问题源于把监理当成了建筑市场主体，如能从监理是建筑市场次体上去认识，则可迎刃而解。

建筑市场无论国内国外，无外乎业主和承包商（建设单位和施工承包单位）两大主体。然而，工程建设的技术复杂性、影响因素众多性和质量要求高而且判定难的特性，决定了建筑市场不是仅有这两个主体就能顺利而有效地完成工程建设项目的。因此，建筑市场出现了很多次体。例如勘察、设计、监理和咨询主要是为业主（建设单位）服务的，成为建筑市场一方主体的次体，材料设备供应、质量安全的检测监测、施工技术管理服务等则主要是为承包商（施工承包单位）服务的，也成为建筑市场另一方主体的次体。把勘察、设计和监理看成是建筑市场的主体明显就不够正确了，因为它们不是建设工程项目的直接生产者或购买者，只是为其市场主体提供了服务而已。但是，这种服务、这样的次体是必不可少的，正因为其不可缺少，往往被人们当作了一个主体。如果它是主体，则建筑市场就有它100％存在的必要，如果是次体，则要由它的重要性来决定其必要性的程度，即它应覆盖建筑市场的多少比率，这个比率需要通过调查研究和分析判断后，从政府层面作出定论，再据此制定正确的法规政策来引导和规范建筑市场。

中国建设监理制度的必要性毋庸置疑，但中国建设监理制度的重要性就不能一概而论，因此，关于中国建设监理制度在各个地方、不同行业、不同项目上的重要性的微观调查研究、中观总结定论和宏观管理控制的许多工作，对于深化建设监理体制改革非常重要而迫切，千万要有人、有机构去做，千万要保持慎重，不可偏差，更不能错误。

## （二）关于监理制度强制性和自主性的认识

推行建设监理制度实际上就是将工程建设项目管理与咨询服务的专业、经验、技术等工作或行为形成规范化、制度化。国际上许多国家都采用它，中国自古也不缺乏先例，只是在改革开放之后的特殊时期，从法律上明确实行它，从而成为我国现行的四大工程管理制度之一。其实，这并不等于中国对建设监理制度有什么特殊的重视，因此，建设监理制度在中国是由政府主导、必须实施的所谓"强制性"问题，不应过分强调，更不应把它当成经济体制改革的一个热点加以炒作。

建设监理的强制性和自主性本来就是孪生的、共存的，不同的时期、不同的地方、不同的项目有所侧重而已。随着经济和社会的发展，国家和地方政府对工程建设监理的范围作一些适当的调整是可行的、也是必要的，不能因调整一下范围或作一点新的工程建设管理方式探索性改革，就要打出所谓"取消强制监理"的旗号，无论是宣传媒体有意对监理改革进行炒作，还是政府官员追求政绩而哗众取宠，都是不应该的，都将不利于澄清思想认识和维护社会安定，都是要受到人民群众厌恶的。

我们应该清楚地认识到：建设监理是独立于建设单位和施工单位之外的权威性、社会化的工程建设监督管理机构，对工程建设履行专业化、规范化的技术与管理咨询服务责任；监理制度是市场经济条件下工程建设必要的一项制度，它就是一项基本的普通的工程管理制度，如同项目法人制、合同管理制和招标投标制一样，都是国家推行的。不要过分强调和炒作监理制度的强制性，而要看重它的普遍性、重要性和必要性，这才是建筑行业内人士和有关主管部门应该持有的基本思想态度。

## （三）关于监理制度定位的认识

建设监理制度的设置、推行和发展必须坚持与国情党旨、社情民意相适应的原则。中国建设监理走过的历程，还是非常符合这一原则的。中国的建设监理履行了工程监理合同责任和国家法规规定社会责任的双重责任，既从工程建设本身具有科学性、技术性、复杂性的实际出发，对委托方（建设单位）负合同约定的根本责任，又结合了我国市场经济建设和社会发展处在快速发展过程这一客观实际的需要，还履行一定的国家法规规定的社会责任。笔者认为这种定位是比较恰当和正确的。

一方面，施工阶段的质量安全还是当前需要认真抓的一项社会和民生问题，另一方面，建设工程的方案优选、进度优化和投资增效又是工程建设本身的根本目标性问题，两者不可舍弃，也不可偏离。中国监理制度推行以来，其定位一直没有脱离以上两个方面，是符合实际和正确的。行业内一直在争议监理定位不准的问题，其实是认识不够深刻的问题。中国建设监理从宏观定位上就是把以上两方面有机结合起来，既包括高智力型工程建设多阶段和多方面的技术管理咨询服务，又不脱离目前监理工作重点还在于工程建设实施过程的重点管理和关键控制（包括工程质量安全）的内容。至于具体到某些地方和某些项目上，出现的有些机构、有些单位、有些人强调监理主要施工现场旁站式监管，甚至工程监理合同中仅仅约定现场质量安全为监理范围，等等，类似情形并不能代表对监理的定位，我们应该认为这终究不是建设监理的主体与核心，这只是对监理的一种错误理解、错误引导和错误实施而已，关于建设监理的定位要靠广大监理行业仁人志士去正确认识和艰苦努力，在监理实践中纠正错误的走偏的定位，以实际行动维护正确的监理定位，千万不要把不妥的、错误的监理行为当成是监理的定位。当然，具体到工程建设项目上，监理工作是高智力型工程建设多阶段的技术管理咨询服务多一些，还是工程建设实施过程的重点管理和关键控制（包括工程质量安全）多一些，也要从该工程建设项目的实际出发，是不可以千篇一律的，关键要服从市场的实际需要，即由市场来决定监理资源的配置。

### （四）关于监理制度作用的认识

建设监理制度推行以来，其所发挥的作用应该是肯定的、明显的。但也可以看到，其作用发挥得还不够，或者说其所发挥的作用与设置制度的期待目标，与国家、社会及建设单位的期望还存在一定的差距；在少数地方的一些项目上，还明显看出监理没有发挥好作用，以致造成极坏的社会影响的情况也确实存在。但其原因是比较复杂的，不能从表面上、肤浅地把责任就归结到监理单位和监理人员身上，认为是监理自身不努力、不规范、不诚信所造成的。监理没有发挥好作用的情况，很大程度上与国家监理法制不够完善、地方政府政策和监督的误导、业主的隐性主观意图、工程建设项目上潜在的不良规则和建筑市场的客观恶性环境有密切关系。要解决问题还得从根源上采取措施，综合治理。纵观全局，总结成就，正视问题，积极改进，

才是我们在认识和对待建设监理以往所起的作用时，应该有的思维方式和工作作风。

### （五）关于建设监理制度法制性的认识

建设监理制度既然是国家推行的一项制度，就应该具有法制地位，政府对这项制度就要有监督落实的措施，而不能放弃政府自身的责任，一味地交给市场、依赖市场。

建设监理制度是按照市场经济的原则和规律建立起来的制度，但现阶段还需要通过完善和加强法制来推动，全依赖市场自由运作、自由发挥，监理制度显得力量和效果不足，难以发挥出更好作用，因为，市场有时也有失灵的地方，尤其是市场机制不够完善的情况下。行政管理体制改革不是要政府将所有的职能都交给市场，而是要划清政府职能和市场自我完善的界限，类似于食品质量安全、医药质量安全、交通安全和社会治安的监管一样，对于工程质量安全的监管，尤其是政府和国有直接投资的工程、政府和国有委托投资的工程、事关国计民生的公众利益和公共安全的工程，各级政府不能推脱监管的责任，要制定有力的法规政策，培育和依靠社会力量，形成社会监管机制，必要时还得设置一定的机构亲自去监管，而不能抛给市场任其自由竞争与发展，更不能相信和依赖所谓自体或同体监管可以解决问题、达到目的。

## 三、中国建设监理制度的改革

针对中国建设监理制度的问题和现状，把中国建设监理制度放在国家政治经济体制改革和社会管理发展的大背景下，本着从实际出发，实事求是的原则，我国建设监理制度深化改革应包括以下几方面：

### （一）进一步完善建设监理有关法律、法规和地方规定，充分明确监理的责权利

1. 修改完善《建筑法》关于建设监理的规定，明确法制性问题。

现行《建筑法》中已经较好地明确的法律规定有两点：一是规定建设单位与监理单位必须书面

签订工程监理合同，并将委托的监理内容和权限书面通知施工单位；二是规定监理单位应客观、公正地执行监理任务，不得与施工单位及材料、配件和设备供应单位有隶属关系，不得转让监理业务，不得与施工单位串通谋取非法利益。

但还应充分明确的至少有：

一是国家推行工程监理制度的同时，还应严格规定：监理企业和监理人员既包括为建设单位服务的责权利，又包括为国家服务（履行法律规定社会责任）的责权利。两者之法定性质不同，需要具体明确和区分。

二是明确国家推行工程监理制度的同时，还应严格规定：建设监理的质量安全责任的性质是连带责任，而不是直接责任。并将监理单位的监理业务经营管理的质量安全责任和工程项目上监理人员的具体监管的质量安全责任具体明确和加以区分。

三是明确国家推行工程监理制度的同时，还应严格规定国务院的建设监理主管部门。即国务院内部只能由一个部门（如住房和城乡建设部）统一管理监理企业资质和监理人员个人执业资格，不得由交通、水利、铁道、电力、工信、人防、环保等多部门、多行业各自为政（自行颁发资质、资格和自行营建管理壁垒）。

2．修订完善《建筑法》后，国务院应制定《建设监理条例》或修改《建设工程质量管理条例》和《建设工程安全生产管理条例》，对建设监理的具体实施性问题作出明确的规定。

在《建筑法》的基础上，国务院有关法规至少应明确规定的内容有：

一是明确各级政府关于建设监理的监督管理部门、监督管理的内容和监督管理的办法，并具体规定监理的法律责任，做到对监理的行政处罚和处分有法可依，有章可循，以保证政府必须的监管不缺位、不错位，严格做到依法行政。

二是明确建设工程监理合同签订后，监理工作应具有的权威性和独立性，即在委托的建设工程监理服务范围内，建设单位不得干扰监理的具体工作，不得与施工单位之间直接发生涉及工程管理的

联系活动。政府和社会都希望监理企业和监理人员能依法、公正地行使工程管理责权，这必须要有权威性和独立性作为前提，类似司法体制一样，缺乏了权威性和独立性，就难以做到公平和正义。

三是规定建设监理一经委托与实施，建设单位必须保证监理企业和人员获得合理的报酬。市场经济的客观规律是一切工作行为都要受到经济收益的制约和限制。要保证监理工作达到预期的效果，缺乏经济支持或经济风险过大，是不可能的。国家实行监理的强制工作内容和职责，需要强制的收费来保障。

四是规定监理的强制范围、工作内容、工作标准、监理人员配置标准和工作责任，将政府和国有投资项目、国计民生的基本建设工程、事关公共安全和公众利益的工程等纳入国家和政府强制监理规定的政策法规管理范围。

五是规定各级地方政府及其建设主管部门不得制订与上述法规相违背的政策和规定，不得有隐性的超越法规规定的工作行为出现。

**（二）完善现有监理企业资质和个人执业资格管理体系，研究制定行之有效的综合监管办法**

一是调整监理企业资质标准，研究制定与行业规模相适应的企业资质申请设立与考核办法，以利于建立能开展建设监理业务的企业不缺资质或不受资质所局限的市场环境，即促进企业资质标准与行业发展规模和水平相适应。企业资质的类别不应太多，企业资质只是开展监理业务的基本条件，应宽松管理，具体监理业务竞争力还应着重在企业业绩、人才和社会信誉等因素，应从严监管。逐步培育淡化企业资质，重视个人资格，强调项目监理机构能力，注重监理工作成效的监理市场环境。

二是完善个人执业资格制度，改变注册监理工程师考试条件，设置2～3级个人执业资格，以便适应不同工程类型、不同工作要求、不同服务形式的建设监理业务需要。例如：从事工程建设多阶段技术管理咨询服务的，主要由一级注册监理工程师承担，从事施工阶段现场质量安全和综合管理服

务的主要由二、三级注册监理工程师承担。

三是严格执行监理企业资质和个人执业资格的动态管理制度，将企业和个人的业绩、进步和诚信纳入行业统一的管理系统，坚决做到有章法必依，违章法必究。

**（三）规范建设监理制度各相关方的行为，明确建设监理制度各相关方的责任，建立以监理为核心主体的工程建设管理体系**

监理制度的改革不能仅限于监理本身，与监理密切相关的方面也要一并纳入系统改革的范畴。在狠抓监理的法制健全和行为规范的同时，还要花大力气关注与监理相关方的各种法制与行为规范的建设。应严格规定建设单位、勘察设计单位、施工单位、材料设备供应单位及质量安全检测监测单位，包括政府质量安全监督管理机构等相关单位各自的工作责任和行为规范，以便在实际工作中严格区分，各负其责。

**（四）加强行业协会建设，充分利用行规行约来建立行业诚信自律的治理机制，实现良性的社会自我管理目标**

鉴于政府简政放权和行政职能重新定位，政府应当依法把那些更适合通过自律性管理来实现的社会经济管理事务，通过授权或委托的方式，适时适宜地放权给行业协会，真正发挥监理行业管理的作用，实现社会自我管理的功能。

从政府职能转移的实际出发，根据近几年的实践经验，建设监理行业协会可以承接、可以做好的工作包括：

1. 监理企业资质评审、管理和个人执业资格的考试、注册；

2. 对监理市场遵纪守法、经营业务行为规范和执行政府指导价等方面进行检查、督促和通报、批评；

3. 有关监理行业的信息、数据的统计分析与发布；

4. 非强制监理项目监理收费的统计分析数据的发布，制定非强制监理项目监理收费的指导标准或最低成本价；

5. 注册监理工程师的业绩、诚信和继续教育等的管理；

6. 监理从业人员的培训上岗、登记管理和继续教育等管理；

7. 监理行业的评优表彰；监理项目优秀成果的评价与发布；

8. 监理行业发展规划和工作标准、行为规范的制定；

9. 现场项目监理机构的工作服务质量检查与考核评价；

10. 监理企业和监理人员的诚信考核评价，等等。

**（五）运用信息科技手段，建立公开透明的建设监理行业的信息管理体系，强化监理市场管理，并预防各种监管与处罚行为的失误或腐败**

各级政府主管部门要建立在本地区开展监理业务的企业库，建立本地区从事监理工作的人员信息库，建立本地区开展建设监理的工程项目资料库。

通过企业库的建立，对监理挂靠和虚假监理在有明确定义和判定依据，并制定处罚的措施的基础上，加大查处力度。对事实确凿、证据充分的，查处态度要坚决，手段要果断；对监理挂靠和虚假监理造成重大工程质量安全事故的，应依法从严从重追究刑事责任。

通过人员信息库的建立，达到严格规范监理从业人员管理的目的。一方面能保证工程项目上监理人员实实在在到岗到位，从而保证监理服务的质量，另一方面使监理工作责任可以追查到真正在工程项目上从事监理工作的人员，改变工程建设项目上存在的现场监理人员不签字，签字的人又往往不在现场的不良现象。促进监理人员能依照法律法规、标准规范和行规行约进行监理，保证违法失信的行为能记入诚信档案，不合格的能及时清出监理队伍。

通过建立项目资料库，能实现工程建设项目实时实地监管，保证工程建设过程的信息资料同步受到审查，避免一些项目出现违法违规和质量安全事故后，取证难、查处难的问题。建设行政主管部门要把对监理市场的动态监管与日常监管、质量安全巡查、执法检查等结合起来，作为一项经常性工作来抓。行业协会也可参与，除了严格把握监理企业准入标准、加强企业准入管理外，重点在三个方面加大清出力度：一是将那些通过买证、借证达到资质要求，取得资质后又转出人员的企业清出市场；二是将那些通过挂靠、转让企业资质、扰乱监理市场的企业作为重点监管对象，一经查证属实，坚决清出市场；三是对那些工作质量差、执业水平差、诚信记录差、有市场违规行为的企业要依法查处，及时给予处罚，情节严重的依法吊销企业资质，直至清出市场。

三库的建立、监管及其信息公开透明，必将有效地促进建设监理市场的规范、诚信和健康发展，维护良好的市场经济环境。

**（六）在优化企业资质的前提下，放开监理企业从事工程咨询和项目管理的约束条件，鼓励并支持有条件的监理企业向工程咨询和项目管理发展**

政府应鼓励并支持有条件的企业实现战略转型，向工程咨询和项目管理发展。现阶段监理企业应着眼于产业延伸，开展规划咨询、项目立项、报建、设计咨询业务等，或将施工监理与这些业务关联起来，开展工程建设全过程咨询服务，真正实现工程项目的全过程、全方位的咨询与管理服务，让监理发挥更大的作用。国家要制定相关配套的政策规定，国家或地方政府要制定一定的税收优惠政策和业务优先奖励政策，鼓励监理企业加大在科学技术手段方面的投入，不断创新管理方式方法，积极向高端项目管理和国际化业务经营发展。

建设监理企业在有利政策环境下，要把现代信息化和先进的科技手段应用在监理工作中，加强监理从业人员的职业道德教育和专业技术学习，提高

服务水平，完善内部管理制度，积极创造条件推进监理企业转型升级，向工程咨询和项目管理发展。

建设监理改革不是一朝一夕的事，也不是一蹴而就的事。只有综合运用政府适度监管与引导、加强社会和行业治理，促进企业与个人自律诚信、发挥市场固有淘汰与促进作用等多方面措施，才能不断完善监理制度，更好地发挥监理作用。

## 四、中国建设监理制度的发展

党的十八届三中全会为各行各业进行深化改革确立了原则，指明了方向。中国建设监理制度的发展迎来了巨大契机，建设监理制度不断完善、规范和更好地发挥作用，是当前政府主管部门和监理行业的重要课题与紧迫任务。改革是进行时，没有完成时，发展是硬道理，是永恒的课题，建设监理行业广大人民群众支持改革，盼望改革。中国建设监理制度只有在深层总结、深刻认识的基础上，进行全面系统的调查研究，才能实现监理的深化改革，改革的有效和成功才能促进监理深入发展。

首先，主导监理改革与发展的政府主管部门及其领导，要解放思想，坚决突破以往的习惯和作风。中央的改革精神是要从行政管理体制改革入手，严格把政府职能和社会职能加以区分，归还市场一个良好的运行环境。政府主管部门要能认识到哪些是不应该管的，哪些是以往管得太多的，哪些又是没有管好的，要勇于牺牲既得利益，勇于放下习惯了的权力，还要勇于放下自己的架子和面子，真正成为为人民服务的公仆。这是监理深化改革和深入发展的思想基础和前提条件。

其次，负责监理改革与发展的职能部门及其领导，要认真研究中国建设监理存在的问题，加以分类和分析，深入查找其根本原因，哪些是突出的，哪些是迫切的，哪些是自身的，哪些是外部

的，都要真正搞清楚，然后才能逐一研究制定相应的解决办法。建设监理制度深化改革是一项系统工程，在深入、系统地调查研究的基础上，坚持以问题为导向，不仅需要做好顶层设计，而且需要相关行业、相关部门也做好系统的配套改革，如果只局限于监理制度自身或某个问题的改革，则难以达到应有的效果。

再次，监理改革与发展的具体方法措施，要慎重、全面和具体，确保行之有效。监理深化改革和深入发展既是一个经济体制改革措施问题，又是一个严肃的政治问题，不得不考虑社会的安定和进步，不得不考虑人民群众的福祉。我国建筑行业企业多、施工技术工艺水平低、劳动强度大、人员工资待遇低、企业和个人生存压力大、贫富差距大、社会福利保障不足，这些都是现实问题。在具体的监理改革与发展方法、步骤和配套措施上，要了解实际、尊重实际，不能盲目照搬西方国家的办法，也不能急于求成，搞一刀切，更不能不去了解监理过去和现在的情况，一意孤行。对建设监理体制应该改什么，怎么改，应充分调查与论证，制定完整的改革方案，有计划分步骤实施。笔者不赞成盲目搞什么试点，后续措施和办法都没有想好，抛出简陋方案，必将难以实施；拿一些项目搞试点肯定不会出大的问题，因为试点项目上各方都关注和重视，但一旦推行开，所有项目都能做到像少数试点项目一样各方都关注和重视吗？也就是说试点成功并不等于推广就能成功，何况工程质量乃百年大计，难道试点到一百年后才定论，才推行吗？建设监理制度是一个成熟的东西，不是新事物，不存在试点情形，只存在改进和完善情形，从来没用过的，可以考虑试点，摸着石头过河。还有，关于建设单位自主组建项目管理机构问题，虽然可以解决一定的工程质量安全等问题，但毕竟是同体监管，无法解决一些建设单位自身以外的问题，一个人水平再高，也有犯错误的时候，如同自己写的文章自己难以发现错别字一样，人往往对自己的缺点错误视而不见，所以特别需要另外的人去发现和提醒，才能解决；工程质量安全事关重大，有一个专业化的社会机构从行为主体以外的另一个角度去把把关，非常必要，非常好，建筑市场不能缺失独立的权威机构进行同体或自体以外的监管，这才符合市场经济的必然规律。

监理的改革与发展，实际上就是关于监理制度的完善和推进的问题，有好多方法和途径，只要广泛听取基层群众的意见，全面深入考虑方案，看深、看准和看透了，大胆地改革，必然取得成功。我深信：在党中央、国务院的领导下，在各级建设监理主管部门和全监理行业的共同努力下，我国监理制度的深化改革必将胜利前进，建设监理在我国必将得到深入发展。

# 大中型监理企业高端发展战略转型实践

北京铁城建设监理有限责任公司　王鉴

高级工程师，全国注册监理工程师，研究生学历，现任北京铁城建设监理有限责任公司董事长、总经理。"火车头奖章"获得者，中国铁道建筑总公司"劳动模范"，2007～2013年连续7年被评为北京市"监理企业优秀管理者"。

工程咨询（监理）制度引入中国经济社会发展25年来，从试点、推广到写入我国《建筑法》，走过了一段曲折艰辛的发展历程。从目前情况看，在与国际惯例接轨的过程中，形成了具有鲜明中国特色的工程监理体系、标准和制度。客观地评价，中国监理行业虽然还有很多方面亟需规范和提升，但在确保工程质量、投资等关键工作上，发挥了无以替代的作用。置身于世界第一大建筑市场、6600多家同质企业、72万余名专业技术人员这样一个大行业，如何摆脱白热化低位竞争，向产业链高端转型，就成为大中型监理企业必须思考的紧迫话题。

## 一、宏观环境和微观环境的变化

### （一）国家宏观政策调整引导监理行业向高端发展

党的十六大以来，科学发展、和谐发展成为社会经济发展的总基调，生态文明被提升到前所未有的高度，产业结构优化升级为监理企业向高端转型创造了良好的外部环境。

2010年，国家发改委制定了《工程咨询业2010～2015年发展规划纲要》，明确引导咨询企业拓展投资建设项目全寿命周期的工程咨询产业链，大力开展节能、节水、减排、绿色低碳经济咨询、土地利用与生态环保咨询、安全评价咨询、循环经济与资源综合利用咨询、项目运营管理咨询、融资咨询、担保咨询、工程保险咨询、风险评估咨询、工程审计咨询、工程法律咨询、工程合同纠纷调解等新领域业务，为委托方提供全过程、全方位的工程咨询服务。

2011年，《国民经济和社会发展第十二个五年规划》提出培育发展战略性新兴产业，切实提高产业核心竞争力和经济效益，构建便捷、安全、高效的综合运输体系。推进国家运输通道建设，基本建成国家快速铁路网和高速公路网，发展高速铁路，加强省际通道和国省干线公路建设，积极发展水运，完善港口和机场布局等一系列与土木工程建设紧相关的利好政策。

2013年，国务院发布《关于加快发展节能环保产业的意见》，营造绿色消费政策环境，加快实施环境保护重点工程，释放环保服务的消费和投资需求，为监理行业开辟出一个全新市场。

**（二）低端市场恶劣生存环境促使监理企业向高端转型**

目前，我国工程监理业务与国际市场需求相差很大，主要集中在低端（施工阶段监理）市场。低门槛准入形成"僧多粥少"的局面，企业间同质化、低技术含量竞争导致竞相压价，地方政府、行业主管部门和业主无视住房城乡建设部代表国家制定的监理取费允许浮动范围，甚至无下限低价中标，更使得招投标行为恶性循环；工程建设市场运行体制和监督机制不健全，行业壁垒和地方保护主义助长不公平竞争；业主无视监理法规，随意增加工作内容和资源配置，强加霸王条款，提高处罚标准，加之业主公开和私下的"吃、拿、卡、要"行为，导致很多监理企业微利运行，不仅无力为今后的持续发展储备资源，甚至需要靠"偷工减料"维持生计。这在一定程度上降低了监理企业的服务质量，也严重影响了监理行业的整体口碑。一些政府项目建设管理人员在不懂专业技术和监理业务的情况下我行我素，随意指令，严重干扰了监理人员独立公正履行职责。此类等等，让已经处于市场弱势的监理企业政治、经济、安全、质量风险倍增，压力前所未有，整个行业陷入了定位不明、方向迷茫、后继乏力、人才流失的困境。如此发展下去，结果只能是大家一起痛苦挣扎，企业能走多远不得而知，更不要说做大做强、向国际看齐了。在监理市场专业化定制需求还未成为主流意识、差异化经营也没有得到业内普遍认可的实情下，要想摆脱现状，企业只有迈向产业高端。

十八届三中全会审议通过的《中共中央关于全面深化改革若干重大问题的决定》提出要加快完善现代市场体系，推动经济更有效率、更加公平、更可持续发展，形成企业自主经营、公平竞争，消费者自由选择、自主消费，商品和要素自由流动、平等交换的现代市场体系。着力清除市场壁垒，推动资源配置依据市场规则、市场价格、市场竞争实现效益最大化和效率最优化。这些为监理企业调整资源结构、向高端转型发展提供了良好的外部条件。

## 二、大中型监理企业高端转型的方向和路径

从目前看，小型监理企业受其资质、资源、规模、业绩、管理、技术、人力、财力等综合实力的限制，不具备向高端转型的条件，仍应立足发展施工阶段监理业务，为业主提供现场施工监控服务。十八届三中全会通过的《中共中央关于全面深化改革若干重大问题的决定》提出建立公平开放透明的市场规则，实行统一的市场准入制度，在制定负面清单基础上，各类市场主体可依法平等进入清单之外领域；改革市场监管体系，实行统一的市场监管，清理和废除妨碍全国统一市场和公平竞争的各种规定和做法，严禁和惩处各类违法实行优惠政策行为，反对地方保护，反对垄断和不正当竞争；建立健全社会征信体系，褒扬诚信，惩戒失信。这些举措必将大大改善中小监理企业的生存发展空间。对于大中型监理企业，借助其自身的综合优势，通过收购其他小型企业、吸纳高端管理技术人才、扩大企业资质等方式，逐步向产业高端转移不失为最佳选择。

**（一）高端转型的动力和路径**

除了上述分析的低端市场已严重制约大中型监理企业发展之外，根据住房城乡建设部《建设工程项目管理试行办法》第六条规定，工程项目管理业务范围包括从项目前期策划到竣工后组织项目评估的全建设过程，不仅需要协助业主方招商引资、办理许可、征地拆迁，还要对项目的规划、设计、施工进行全方位监督，涉及原材料和设备采购、承包商选定，直至生产试运行及工程保修期管理。可以明显看出，项目管理的服务内容已经远远超出人们对工程咨询的定义范围。因为高端业务涉足企业

少，竞争相对平和，高端人才提供的服务价值远超施工监理，所以监理企业开展项目管理业务后，不仅产业链条和服务模式大幅拓展，产品附加值和盈利空间也必将明显提升。

现阶段监理企业向产业高端的转化策略，首先应着眼于延伸产业链条，开展规划咨询、设计咨询业务，或将施工监理与这些业务捆绑，开展工程建设全过程咨询。再进一步，可引入项目管理与施工监理一体化服务模式，对应承包商的项目法施工，组建类似于代业主的服务机构项目管理团队，受业主委托，为工程项目提供全过程、全方位、一条龙的管理服务。团队内部将原来定义的项目管理和工程监理机构合二为一，由项目经理总负责，统一领导、统一指挥。这样做的最大好处是资源得到充分利用，管理层级部门和流程、手续合理压缩，管理指令传递距离和时间明显缩短，最终体现为管理执行力大大提高。随着咨询企业项目管理能力的不断提高，工程项目管理市场的需求也将随之增加，专业化的项目管理服务将大有可为，而施工阶段监理只作为项目管理的部分工作或阶段任务。

监理企业实现高端转型，可以先从自己熟悉的传统市场做起，进而拓展新兴市场。装备制造、地质灾害治理、能源矿产开发、节能、节水、减排、生态保护、循环经济等都是国家鼓励扶持的领域，发展前景看好，效益可观，属于真正意义上的朝阳产业，能够为企业发展提供更多的机遇。有条件的企业，还可以考虑产业多元化，经营市场与经营资本并进，涉足资本运营等高端领域，提高企业抗击工程咨询市场风险的能力。

### （二）高端转型的必要条件

工程项目管理企业必须具有与提供专业化工程项目管理服务相适应的组织机构、专业人员、管理体系和管理技术。

1. 全面的管理能力。工程项目管理企业应具有工程项目投资咨询、勘察设计管理、施工管理、工程监理、造价咨询和招标代理等多方面的能力，能够在工程项目决策阶段为业主编制项目建议书、可行性研究报告，在工程项目实施阶段为业主提供招标管理、勘察设计管理、采购管理、施工管理和试运行管理等服务，代表业主对工程项目的质量、安全、进度、费用、合同、信息、环境、风险等方面进行实质性的管理。

2. 健全的服务体系。工程项目管理企业应具有与工程项目管理服务相适应的组织机构、管理体系和监控手段。

3. 完备的专业技术。工程项目管理企业应掌握先进、科学的项目管理技术和方法，拥有能够适应政府法规和业主要求的工程项目管理软件和硬件设备，具有完善的作业程序标准、作业指导文件和基础数据储备。

4. 专业齐全而充足的人员资源。人力资源是咨询类企业最基础、最核心的资源。工程项目管理企业应配备专业齐全的技术人员和复合型管理人员，构成稳定的高素质骨干队伍，储备一大批与开展全过程工程项目管理服务相适应的精技术、会外语、熟法律、善管理，懂国际惯例，集技术和管理于一体的复合型人才。

5. 优秀的企业文化。工程项目管理企业不仅要具备必须的职业道德和社会责任感，严格遵守国家法律法规、标准规范，科学、诚信、廉洁地开展项目管理服务，而且要有能力按照工程项目管理规定转变观念，更新技术，实行能够适应业主不同需求的工作方式，为业主提供百分百满意的服务。这就要求参与工程项目管理的人员要把长期以来只注重施工质量监控的定性思维和只注重监理程序的工作方式转变到紧随业主需求变化、努力实现目标效益最大化上来。

6. 强烈的行业责任感。先行开展工程项目管理的企业应不遗余力地把FIDIC合同条款中独立的"第三方"理念向业主和政府宣扬，先从自己思想深处将过去充当"监工"的角色转变成业主的"项目管家"。最新版本的FIDIC合同条款(1999年第1版)已经将"工程师"视为雇主的一员，国内市场也将监理工作定义为"建设管理工作的延伸"，这是引导中国监理行业发展方向的十分重要的先决条件。

## 三、北京铁城对高端业务的探索与实践

北京铁城监理公司从成立之初就根据外部形势和内部实际确定了以铁路工程建设监理为主业，"先做精做细，再做强做大"为方针，"基础牢固、资源先行、资金充裕、稳步扩张"为原则，"行业领先、国内一流、具有国际竞争力的现代化咨询管理集团"为终极目标的企业发展基本战略。经过17年的发展，企业在铁路工程监理行业无论是市场份额还是获奖数量，均多年位居前茅，被原铁道部确定为首批做强做大试点监理企业。近几年来，根据国家政策走向，公司将城市地铁和地方铁路工程监理也纳入了主业市场，根据企业综合资源能力，年新签合同额增长稳定在20%左右，去年超过5亿元，人均年盈利水平保持在1万元以上。在主营业务稳定、匀速、良性发展的基础上，公司通过担任几个监理费过亿项目的联合体主办方、总体监理单位，以及与西方先进咨询企业组建合资公司等方式，全面学习、积累项目管理经验，在制度

体系和方法措施上向国际先进水平靠拢，内部选拔培养与外部招聘结合，建立起自己的项目管理队伍。两年前，借助我国政府和企业对外投资、国内铁路运输市场向民营资本开放的良机，参与了几项境内外铁路专用线和自贸区建设项目管理工作，取得了进入产业上游的初步经验。

### （一）组建高端服务团队

要进入产业链高端，首先需要有一个能够胜任高端技术和管理的团队。根据企业自身的实力和业主需求，公司从长、大、高、难、尖、新项目的总监中挑选出硬件齐全（本科以上学历、高级技术职称、国家注册人员、个人或所领导的团队获得政府奖励和项目业主表彰）、软件丰富（具有10年以上施工或监理工作经验、组织协调能力强、长于团队合作）、品行优良（为人正直、情商逆商高、职业操守好）、年富力强（身体健康、年龄在35～55岁之间）的总监理工程师（或副总监）出国考察学习，参加公司本级和上级单位（中国铁建）的中高级专业技术和管理干部培训，从中挑选合适人员作为高端服务团队骨干。

### （二）稳健推进高端服务

1. 担当总体监理。这是业主为应对在大项目建设中出现的参建单位多、专业分工杂、管理跨度大、懂行人员缺等问题，在联合体主办方基础上，加强对各监理单位的统一管理，充实建设单位管理力量，提升项目管理水平而采取的组织措施。

2. 提供建设项目咨询、管理全过程服务。在一个民营资本全额投资的重载运煤铁路项目上，业主委托公司从可行性研究、勘察设计、施工实施、铁路联调联试、煤炭系统设备联合试运转至保修期阶段，实施全过程咨询（监理），并代职参与项目管理工作。与以往工程监理的主要区别是：服务期

限从施工实施阶段向前延伸到项目前期可行性研究；管理对象不仅是施工单位，还包括勘察设计单位；工作出发点向维护业主利益转移，更加注重前期规划设计优化和后期质量、工期目标实现，力争投资效益最大化。

3. 参与国际化工程咨询。这其中又分作两部分：

（1）组建工程咨询公司。经过几年的项目联合体合作，我们与一家德国大型咨询企业合资成立了国际化工程咨询公司。经理层主要由外方人员担任，除中国政府强制性规定外，完全采用西方企业的管理理念、模式和制度、手段，借助中方股东在国内专业市场上的业绩、口碑和综合竞争力，外方股东在国际市场上的经营网络和成熟经验，选择国内高新技术、高端服务项目和国外技术咨询、项目管理业务为突破口，今年开始已进入正常运行状态。

（2）成立援外项目小组。随着我国政府对外援助规模和大型央企境外投资力度的扩大，公司参与了几个商务部成套援外项目监理和央企境外项目的"内部监理"工作，已经基本适应了境外工作特点，摸索出一些规律。

目前我们已经进入的国家有蒙古、斯里兰卡、南苏丹、尼日利亚，预计明年业务量将会出现快速增长，期望经过三年的努力，国内外市场能够平分秋色。

### （三）打造高端管理利器

监理企业要实现业务向产业高端转型，除了上述讲到的提升人力资源水平之外，还要有针对性地储备高端业务服务能力，打造高端管理利器。而管理手段是否先进，又直接决定了企业和个人的执业能力。为此，在获得行业政府机构首肯的标准化管理体系基础上，以信息化建设为突破口，历时三年，陆续建立起办公自动化（OA）、人力资源管理（HR）、监理项目管理（PM）、成本预算管理等四大模块和一个内部教育交流平台，加上与中国铁建财务系统相对接的财务管理系统，基本建成了能够满足当前主营业务需要，"实用、好用、耐用"的企业综合管理平台，在向市场高端迈进的同时，也推进了产业多元化发展，公司开始了由企业信息化向信息化企业的转变。

公司研发的计算机网络管理平台受到行业协会和部分业主的高度评价，其中的监理项目管理系统于2011年3月通过了国家版权局"计算机软件著作权登记证书"登记；同年4月通过了"铁道部科学技术信息研究所"审查，在《科技查新报告》中出现；2012年6月通过住房和城乡建设部科技计划项目验收，被命名"科学技术计划项目示范工程"。得到政府和业主认可后，顺势成立了集企业管理软件研发、应用、维护于一身的全资子公司，成为中国铁建股份有限公司总部机关指定软件开发商，成功为其开发了合同管理系统、施工调度管理系统、规制管理系统、IT预算管理系统、共青团管理系统、民兵装备管理系统等六个内部管理系统。软件公司成立不足一年，承揽业务已达到几百万元，目前业务量仍在迅猛增长。

大中型监理企业向高端业务转型，既是企业发展战略的一种选择，也是行业水平提升的一种表现，更是市场需求进化的一种必然。我们在这方面虽然进行了一些探索和实践，但毕竟还比较肤浅。相信在政府和协会的大力支持和专业指导下，会有越来越多的企业结合行业特点和自身实际，针对不同的市场，通过不同的渠道，运用不同的方式向产业高端转型，在推进自己向着更强、更高、更远发展的同时，带动监理行业走出困境，迈向光明美好的未来。

# 提升监理服务价值，创新转型势在必行
## ——工程监理企业战略转型实践探讨

上海建科工程咨询有限公司 何锡兴

研究生学历，工学硕士，EMBA，高级工程师（教授级）。现任上海建科工程咨询有限公司党总支书记、总经理，建科院建设管理专业学科带头人，长期从事工程建设监理及工程咨询工作。

在全国各行各业认真学习贯彻党的十八届三中全会改革精神的新形势下，工程监理企业需要主动适应环境变化和市场要求，努力提升服务价值，全力推动创新转型，现围绕上海建科工程咨询有限公司转型发展实践探索之路，一些思考和总结，以期与行业同仁交流和分享，为促进行业发展尽一份力量。

## 一、监理企业发展环境变化

### 一是规范监理取费标准，市场监管不断加强

长期以来，监理市场的盲目竞争和不规范取费行为使监理行业的发展受到了严重制约，出现了政府对监理企业不满意、业主对监理企业不满意、监理企业对市场无序竞争不满意、监理人员对监理待遇不满意而流失的困局。

近年来，全国各省市开展了多项工程监理市场专项治理活动，要求越来越高，上海表现得更为突出。在2011年，上海市政府1号文件印发《关于进一步规范本市建筑市场 加强建设工程质量安全管理的若干意见》，切实落实监理责任，实施信息化监管和监理报告制度，将监理取费上浮20％。自2012年起开始施行新的《上海市建设工程监理管理办法》，规定上海大型项目的总监必须严格执行"一对一"，只能担任一项工程的监理，对其他工程，总监同时担任监理的工程数量不得超过两个。相比总监可"一对三"的国家规定，上海的新政更为严格，对企业的监管能力和责任要求进一步提高。

### 二是拓展监理服务范围，监理初衷逐步回归

1988年，工程监理制度建立的初衷在于改变陈旧的工程管理模式，建立专业化、社会化的工程监理咨询机构，实施包括工程建设投资决策阶段和建设实施阶段在内的全过程、全方位的工程项目管理服务。但绝大多数的监理企业长期以来主要承担施工阶段的监理服务，几乎没有涉足工程建设的投

中国博览会会展综合体项目

资决策阶段、勘察阶段、设计阶段的监理服务。

为了提高项目管理服务水平，加快与国际惯例的接轨，工程监理企业正逐步扩展监理服务范围，新出台的《上海市建设工程监理管理办法》也明确规定了监理机构要从施工准备阶段、工程材料、设备使用，直至施工过程、竣工验收实施全过程的监管。住房和城乡建设部发布的建设工程监理统计公报显示，2010年工程监理合同额占工程监理企业总业务量的63.93％，到2012年这一比例已下降为56.46％，工程项目管理与咨询服务、勘察设计、工程招标代理、工程造价咨询及其他业务合同额与2011年相比增长58.54％。监理制度设立为业主提供工程管理服务咨询的初衷，已在市场中回归应有的影响力。

**三是监理角色地位提升，行业发展前景广阔**

上海市市委领导提出让监理行业成为"人人羡慕、人人尊敬的行业"。随着建设投资多元化和国际化的不断提高，以及"楼倒倒"、上海11.15特别重大火灾等事故的发生，对监理服务质量和人员素质提出了更高的要求，监理企业作为工程建设过程中的业主顾问、公正第三方、政府帮手的角色地位非常明确。

我国正处于经济增长的关键时期，2013年1～10月全国固定资产投资351669亿元，同比名义增长20.1％，城乡基础设施建设，铁路、公路和机场等重大基础设施建设不断加快，为监理行业的发展提供了优越的经济环境。就上海地区而言，上海市委市政府确定徐汇滨江、浦东前滩、世博园区和临港地区、虹桥商务区、迪士尼园区等六大区域为上海"十二五"期间的重点开发区域，再加上上海自由贸易试验区的设立，更为监理企业发展带来了广阔的前景。

## 二、企业战略转型的动因和决心

面对社会发展环境的变化，我们始终在不断思考企业转型发展之路，我们深刻意识到，只有提升服务水平，加快企业业务转型步伐，完善现代企业制度，打造工程管理与咨询一体化服务的品牌核心能力，才能使企业在激烈的市场竞争中立于不败之地。

**一是企业传统：适应市场发展趋势**

建科咨询一直有着优秀的改革创新传统，20多年来，公司始终坚持主动适应市场发展趋势，积极探索企业变革之道。1988年，当监理行业在中国刚刚起步之时，建科咨询就是第一批全国工程监理试点单位；1993年，监理行业在政府的管理下逐渐发展起来，建科咨询成为第一批全国甲级监理单位；1997年，国家明确了实行强制监理的工程范围，监理制度全面推行，公司正式登记为独立法人公司；成立至今，公司承接工程项目达2500多项，工程总投资约6000亿元人民币，产值和规模连年在住房城乡建设部的行业排名中名列前茅。

随着企业变革发展的持续推进，公司在赢得市场的同时，也荣获了全国先进监理单位、住房城乡建设部抗震救灾先进集体、上海市五一劳动奖状集体、上海市高新技术企业、质量金奖企业、上海市立功竞赛金杯公司等各类荣誉，这些荣誉的取得是市场给予我们的信任、支持，也是公司20多年来坚持推行改革实践的结果，更增强了我们探索企业转型的信心和决心。

**二是企业使命：引领行业发展方向**

2011年上海市政府1号文件发布后，行业加强管理、规范程序的要求不断提高，围绕1号文件，公司进一步明晰了企业的三个定位：一是成为"1号文件"执行贯彻的先行者，二是成为监理市场规范发展的典范，三是成为政府规范监理行业的有力帮手。

作为一个国有企业，建科咨询始终牢记自己的社会责任，在行业转型发展的关键时期，在十二五建设发展的推进期，明确了公司"引领行业发展方向，为客户提供满意的建设工程管理咨询服务"的使命。立足于自身企业创新改革的同时，积极发挥引领示范作用，充分展现一个有影响力的企业为行业进步所作的努力。

### 三是企业更名：彰显转型发展决心

2011年9月，公司由"上海建科建设监理咨询有限公司"更名为"上海建科工程咨询有限公司"，勇敢地放弃了"建科监理"这个经营了二十多年的知名品牌，彰显了企业转型发展的决心，也掀起了公司上下再次创业的激情。

企业更名是公司在思考转型战略后作出的审慎决策，名称上的改变不仅意味着我们将持续推进业务转型，全面提升公司为建设工程提供全过程系统化服务的能力，更是公司在创新战略发展模式，提升客户服务水平上向行业、客户和社会作出的庄严承诺。

## 三、企业战略转型实践

在"创新驱动，转型发展"的主题下，公司"十二五"战略规划以"为客户创造价值"为宗旨，从打造核心竞争力出发，系统实施了主营业务转型、增长方式转型、运行机制转型三大转型战略。

上海世博园中国馆

### 一是主营业务转型，提供"一站式"、"菜单化"服务

围绕主营业务转型，公司打造了工程咨询"一站式"服务体系，明确了五大业务产品的定位，包括工程咨询、项目管理、工程监理、造价咨询和招标代理。打通行业价值链的上中下游，业务能力覆盖项目意向、立项、建设、运营的全寿命期，把公司从相对单一的监理公司，转型为具备系统服务能力、提供高附加值服务的工程咨询公司。

在明晰主营业务的基础上，继续推进业务产品的深度开发，在行业内领先发展BIM、征信、咨询项目管理等服务，为客户提供工程咨询各领域的产品与服务的"菜单化"选择。

在建设监理协会大力推进的工程监理与项目管理一体化服务中，公司积极探索"监理+项目管理"和监管一体化两类实践模式。"监理+项目管理"模式的代表案例如上海波音航空维修改造机库项目，公司组建的项目管理团队由项目经理负责，对工程项目实施全过程、全方位的策划、管理和协调工作；组建了监理团队由总监负责，全面负责工程施工质量、安全、文明施工等工作。在这种模式下项目管理和监理人员各自齐备，信息畅通，监理在某种程度上成为项目管理的一个职能延伸，这一创新的服务模式受到了业主的高度评价。监管一体化模式在上海市对口支援都江堰市开展灾后重建工作中得到了实践。公司全面承担62个交钥匙工程的项目管理和工程监理任务，项目管理服务覆盖整个项目群，项目管理与监理团队一体化办公，分工明确，职责清晰并形成互补。

### 二是增长方式转型，谋求"多品牌"、"多元化"发展

围绕增长方式转型，公司积极推动多品牌、多元化发展，分散经营风险、提升规模影响力。通过企业资本化运作，进行品牌输出，实现业务增长领域的多元化。近年来先后组建了项目管理、造价咨询子公司，并完成了上海地铁监理公司、上海机电监理公司的并购，投资新设立了上海建科信用征

上海中心

信公司，合资筹备了上海申迪项目管理公司，并在与专业公司进行收购洽谈工作。

同时，公司持续开拓外地市场，大力推进区域品牌建设，加快郑州、成都、天津三地实体分公司的建设，过去两年间新增外地市场15个，外地业务足迹已涵盖23个省市，正大步向全国性的工程咨询集团公司迈进。

### 三是运行机制转型，实行"集团化"、"现代化"治理

围绕运行机制转型，公司主要聚焦组织架构优化、岗位通道建设、薪酬体系调整以及绩效考核改进，搭建集团化管控模式，完善现代企业制度。

优化组织架构，集团化管控模式初步成型，三级运行管控机制运转高效、有序。公司作为决策中心定战略、定方向；四个职能中心高效联动、落实管控，提供职能支撑；七个事业部、两个业务部和五个子公司作为利润中心和业务主体，定战术、抓执行；200多个项目部作为成本中心和具体操作主体，定预算、抓落实。

公司引进知名的人力资源咨询公司，科学设计了公司的岗位、薪酬、绩效"3P"体系，完善现代化企业治理能力。首先是岗位通道建设，设立了公司专业序列、管理序列两类职级体系和上升通道，每个序列设立九个岗级，让员工清晰地了解自己的职业发展方向，引导员工与企业战略转型发展方向同步。同时，全面调整了薪酬体系，打破传统的成本责任体制，全面推行定岗定薪，确立了高管团队激励奖、一线员工项目奖，管理人员目标奖等差异化薪酬激励体系。此外，公司还改进了绩效考核体系，采用平衡计分卡的指标体系，突出了公司考核的关注重点和目标导向，建立起一整套对应岗位薪酬体系要求的绩效指标体系，得到公司上下的共同实践支持。

通过主营业务转型、增长方式转型、运行机制转型三大转型战略的实践，公司不断拓展企业服务能力的延伸价值，组建了一批高素质的监理人才队伍，目前，公司拥有国家注册监理工程师240多人，硕士以上学历近200人。在"十二五"规划中明确实施大学生引进"五百人计划"的人才目标，优化企业核心人员结构，发挥好人力资源这一最重要的企业战略资本的价值。

这么多年的探索和实践，建科咨询公司始终围绕"为客户创造价值"这一宗旨，持续提升工程咨询一站式、菜单化、多元化的品牌价值和服务能力，希望在推进监理行业的标准化、信息化、系统化工作中发挥引领作用。

# 智力服务创造价值 实现企业可持续发展
## ——重庆赛迪工程咨询有限公司的转型发展实践

重庆赛迪工程咨询有限公司 汪洋

项目管理硕士，教授级高级工程师，国家一级注册建造师，英国皇家特许资深建造师（FCIOB），美国项目管理协会认证执业人士（PMP），高级职业经理人，现任中冶赛迪集团有限公司总经理助理、重庆赛迪工程咨询有限公司董事长、中冶赛迪工程技术股份有限公司建筑市政设计院院长。

国家于1988年开始工程监理工作的试点，1996年在建设领域全面推行工程监理制度，取得了明显的社会效益和经济效益，促进了我国工程建设管理水平的不断提高，工程监理已经成为工程建设中的重要环节和内容。重庆赛迪工程咨询有限公司（简称赛迪工程咨询）正是伴随着国家监理行业的发展孕育而生，在公司发展过程中始终坚持"智力服务创造价值"的核心价值观，突出特色和优势，主动转型实践，走出了一条可持续的良性发展道路。

赛迪工程咨询成立于1993年，拥有工程监理综合资质、设备监理甲级资质、建设工程招标代理甲级资质和中央投资项目甲级招标代理资质等甲级资质，是国内最早获"英国皇家特许建造咨询公司"称号的工程咨询企业，在钢结构工程、大型公共建筑工程（体育场馆、大剧院、展览馆等）、市政工程（城市轨道交通、城市综合交通枢纽）等方面有丰富的经验，项目遍布国内30多个省市并延伸至海外。公司自2007年以来，一直位列全国建设工程监理企业营业收入百强。公司凭借雄厚的技术、严格的管理、优秀的队伍、诚信的服务赢得了顾客的尊重和社会、行业的认可，公司监理的重庆大剧院、重庆奥体中心、重庆国际博览中心、重庆国泰艺术中心、广西奥体中心、贵阳奥体中心、攀枝花新钢钒股份有限公司轨梁厂万能生产线等多个项目获得"建设工程鲁班奖"、"詹天佑土木工程大奖"、"国家优质工程奖"、"中国钢结构金奖"及多个省部级等奖项，连续荣获住房和城乡建设部、中国监理协会、冶金行业、重庆市建委等行业主管部门和协会授予的"先进"、"优秀"等荣誉，多次被命名为全国及重庆市"守合同重信用单位"。

公司在发展过程中，始终注重研究宏观形势、行业变化、市场特点和客户需求，强调为客户创造更多高附加值的服务，为员工搭建更好的事业发展平台；始终注重结合公司实际情况，突出特点和优势，强调品牌和效益，坚持走差异化的发展道路，努力成为客户首选、受人尊敬的工程咨询企业。

## 一、强调品牌和效益，坚持规范管理，注重综合实力的打造

强调品牌和效益，坚持经营原则，确保公司品牌影响力。公司始终坚持"选择有影响的大型项目"、"原则上不参与自由竞价项目的投标"、"坚决不挂靠"等经营原则，得到了许多业主和政府主管部门的认可，在一些有影响、技术含量高的项目竞争中突显优势。不仅确保了公司品牌的影响力，也降低了公司的经营生产风险，积累了丰富的大型工程管理经验，更重要的是通过投标时的项目比选和有效的项目执行，公司的盈利水平和劳动生产率始终走在行业的前列，公司得以良性、持续发展。

坚持规范管理，强调生产带动经营。公司一贯秉承规范管理和"生产带动经营"的理念，选择性承担项目，确保人力资源的数量和质量，注重研究客户的需求，帮助解决项目建设管理中遇到的难题，做好在手项目，让客户真切感受到智力服务创造的价值，由此，许多老客户不断委托给我们新项目，许多新客户很快成为了我们的老客户。公司、各事业部都制订了项目巡检办法，加强对现场的项目巡检，按期开展顾客满意度调查，加强与业主的沟通，及时掌握业主要求和现场项目进展情况，使公司的管理水平、服务业主的能力不断提升。公司还发布了廉洁执业管理办法，制订项目廉洁告知书

并公布投诉电话，确保员工的廉洁从业。

注重综合实力打造，致力于为工程提供全过程的项目管理服务。赛迪工程咨询目前可以提供可研评估、概算评估、方案评估、技术咨询、设计监理、项目管理、造价咨询、招标代理、工程监理、设备监理、项目后评价等服务，这些服务几乎涵盖了工程项目全生命周期，这种清单式的服务，为业主选择赛迪工程咨询提供了很多可能和机会，这种不断强化的综合技术服务和多专业协作实践，又不断提升了公司的综合服务能力和水平。如为巴布亚新几内亚瑞木镍钴项目提供设计监理、造价咨询、工程监理和设备监理服务，为宜昌奥体中心项目提供项目管理和工程监理服务，为重庆马戏城项目提供可研评估和工程监理服务，为重庆水泵厂环保搬迁项目提供项目管理、招标代理、造价咨询和工程监理服务。

## 二、以技术为支撑，为客户提供高附加值的咨询服务成果

赛迪工程咨询在发展过程中始终依托中冶赛迪集团雄厚的技术实力、优秀的专家团队和持续的技术研发资源，为客户和项目提供很多高附加值的服务。

通过技术实现设计方案优化，如组织建筑专业人员对某药监局办公大楼项目的建筑立面造型及建筑细部方案进行优化，进一步提升了方案的品质，业主对服务成果相当满意；在某机床厂环保搬迁项目中，充分利用工艺和总图专业专家资源，为业主提供关于生产工艺和物流的布局优化，提升物流和生产效率，产生了实实在在的效益。通过技术实现施工方案优化，消除安全隐患，如对某奥体中心项目的大跨度网架结构施工吊装及卸载方案进行审查时，经过复核验算，发现支撑架格构柱的截面

不够，存在安全隐患，施工单位及时进行了调整修改，消除了吊装施工的安全隐患。通过技术实现具体技术方案优化，减少了工程投资，如在参与评审某能源项目的桩基础设计方案中，结合地勘实际情况，通过进一步核算，对桩径和桩基间距布置进行了调整，为项目节约了投资。

创新设计监理方式，采取"固定价+投资节约提成"方式承揽设计咨询业务，通过技术实力，在为客户创造价值的同时获取技术服务创造的价值；在轨道交通工程监理工作中积极尝试引入ITP（检查和试验计划）理念，实施工作表格化管理，效果明显，得到业主充分肯定。

## 三、以信息化为手段变革咨询服务方式，强化公司精细化管理

一套国际通行、广泛使用的信息系统，是赛迪工程咨询与对手竞争的优势，是提升精细化管理水平的关键，是对项目进行实时监控的遥控器。赛迪工程咨询实施的是与国际接轨的赛迪CCIS信息核心系统，它以项目为主线，进行项目全生命周期管理，是实现"人、财、物"为核心的支撑平台，也是公司知识和内容管理平台。通过将"制度表格化、表格流程化"，实现固化公司的目标流程，通过赛迪CCIS信息核心系统实时监控企业和项目的运行状况。该信息平台包含了ERP、OA、ECM、PWX等模块，也有技术支撑模块，依靠"赛迪云"逐步形成了强大的工程信息数据库，这些数据信息资源将支撑和促进一个有丰富经验的工程咨询公司的更好发展。

赛迪工程咨询针对大型复杂项目提出"项目管理+BIM+CAE仿真模拟分析"的服务模式，帮助业主制定项目BIM实施规则和技术要求，对其中的技术难题运用仿真模拟方法进行分析，提供技术解决方案建议，这就确保了从高端切入项目管理业务，运用信息化手段提升项目管理水平，创造高附加值的项目管理服务。此外，还借助赛迪集团的研发优势和技术资源，积极拓展城市地下管网信息化建设咨询业务，以此形成可以不断复制的新业务。今后，在城市基础设施建设中，通过较强的项目融资能力、独有的专业技术、先进的信息化管理手段和丰富的工程建设经验的充分融合，必将在市场竞争中处于优势，为客户创造更多高附加值的服务。

赛迪工程咨询20多年的发展，始终坚持创新和发展，践行"智力服务创造价值"的核心价值观，为客户和股东创造价值，为员工搭建事业平台、分享经营成果，努力成为客户首选、受人尊敬的企业！随着建筑业的快速发展和行业正在发生着的深刻变化，将给赛迪工程咨询带来更大的机遇和挑战，我们将和行业众多优秀企业一起，继续开拓创新，不断进取，积极担当，发挥行业带头示范作用，为美丽城市的建设奉献我们更多的智慧和汗水！

# 浅谈建设工程监理制改革

湖南省建设监理协会 屠名瑚

工程师，现担任湖南省建设监理协会法人代表、常务副会长兼秘书长。

随着国家深化行政体制改革的大潮和建设工程监理行业发展过程中问题的突显，工程监理也必将进入深化改革的时刻。现行工程监理制怎样改，如何保证改革顺利和成功，除相关政府部门制定优化方案外，行业协会、企业、建设工程监理专家和学者，甚至社会学家都得认真思考和提出供政府改革的参考意见。工程监理改革牵涉面太大，问题太复杂，我认为首要的是政府对监理有一个明确的定位，围绕建设工程监理定位开展改革会水到渠成。

## 一、建设工程监理生虽逢时却不逢势

我国建设工程监理制度是因鲁布革水电站的建设和大建设时期到来而诞生，可谓生逢良时。然而诞生后对它的未来发展还来不及全面规划，在发展环境和成长条件都十分欠缺的情况下，牙牙学语期就要肩负着全国上万个工程建设项目投资、进度、质量控制和安全监管等重任。还好，监理工作者不负使命，忍辱负重，克服重重困难，交出了一份份沉甸甸的成绩单。但事到如今，工程监理也终于被压弯了腰，现需刻不容缓地扶它一把。

## 二、建设工程监理的真实身份

### （一）建设工程监理的真实身份

我国的建设工程监理是具有中国社会主义特色的一个新兴行业，当初从名义和表面看，似乎就是国际上通行的工程咨询服务机构，也许国家刚开始是这样规划和设计的，如《建筑法》对建设工程监理的规定内容。但后来发生了变化，如《建设工程安全生产管理条例》中明确规定了监理的安全监管责任和处罚条款，监理既要承担合同义务，又要承担国家法规责任，也就出现了现在所说的"一媳二婆"现象，因此与国际咨询服务机构所承担的责任有着质的不同。现在的监理机构大家普遍认为是戴着"工程咨询服务"帽子，穿着"工程质量安全协管"的衣服，这就是目前建设工程监理的真实身份。

## （二）建设工程监理的服务对象

我国建设工程监理制度规定了绝大多数项目建设都要实行强制监理，也许是因鲁布革水电站在建设中出资方要求聘请工程咨询机构管理，造成国外工程咨询服务机构强制进入工程建设中的假象（或者说是惯例）。实际上鲁布革水电站需要工程咨询机构管理是出资方的需求，它们需要投资项目顺利进行，还有可能是对我国工程建设技术和管理能力的不信任。由于当时对国际工程咨询的内涵和运行缺乏全面的了解，同时业主对工程监理制度的认识不够，认为这是政府强加的。这样一来，问题也就出现了，业主认为失去了自主权，而政府是执行国家的相关法规，更无可厚非。这种制度导致监理机构处于尴尬局面，因政府与业主的需要既有差别也有相同，政府需要的是质量安全监管，业主需要的是进度、投资、质量控制所创造的附加值。监理却拿着业主的钱，还要行使监督业主的行为，业主当然十分不情愿，只有采取马虎应对态度，实施监理时象征性地支付监理费，甚至有相当数量的业主搞"签字监理"等办法逃避监理。在低监理费的运行中，监理单位只有降低服务标准，更糟糕的是由于业主也知道监理的尴尬，对监理的咨询功能不寄予厚望。但监理逃脱不了法规责任，质量安全监管反成了主业务。然而，这种状况却对政府实施建设工程质量安全监管产生了出奇的效果，工程监理与政府质量安全监管职能部门形成了一个有机的、有效的质量安全监管体系，职能互补，作用明显，政府质量安全监管职能部门负责宏观控制，监理发挥了微观和过程控制的作用。从20多年监理的效果看，监理的职能大多满足了政府对质量安全监管的需求，实实在在为社会服务作出了贡献。

## 三、现行工程监理的作用

工程监理已成为名副其实的工程质量卫士。据湖南省建设监理协会初步统计，每个工程项目一年平均发出与工程质量安全等有关的30张《监理工程师通知单》和1张《工程暂/停工令》。也就是说仅湖南省的监理工程师每年消除了30多万个（近几年湖南每年新开工项目约1万个）施工中存在比较大的质量安全问题，每年避免了大量的质量安全事故的发生。此外，监理工程师在检查、检验、旁站、工地例会、巡视、验收等处理的质量安全问题更是难以计数。现在的工程质量与实行工程监理制前相比普遍明显提高，据记载，20世纪80年代全国在建工程中每隔四天因工程质量问题就引发一起建筑物倒塌的事故，当时在全国的平面媒体或电视网络媒体上几乎天天有豆腐渣工程的案例报道。相比之下，工程监理为业主创造附加值的业绩要逊色得多，也就是说目前我国的工程监理主要发挥的是工程质量安全监管的作用。我国实行建设工程强制性监理为广大民众带来了预料之外的最大红利，能使得民众安居乐业，发挥了巨大的社会效益，这是当时没有想到而现在却取得的很大收获，这种具有中国特色的工程监理，要加以研究和善待。

## 四、工程监理改革政府首先应明确监理定位

在实行工程监理制度改革之前政府必须给现行的工程监理定位，这是工程监理改革的前提和方向。我认为目前我国现行的工程监理制度是具有中国特色的特殊体，完全区别于国际上工程咨询服务（项目管理），把工程监理定位为建设工程质量安全社会监督最为合适。它的功能主要是满足社会需要，确保建筑产品质量，监督建筑安全生产，而不是满足市场工程咨询服务需求，摘掉工程监理头上"工程咨询服务"的帽子，还它本来面目，同时也创造出中国工程咨询服务机构的特色，既可满足政府和社会的需求，又可满足市场的需求。工程监理企业既拥有"工程监理"的社会功能，又拥有"工程咨询"的服务功能，也便于我们在与国际同行交流时正确解释"工程监理"的含义，同时做到了国外有的我们有，国外没有的我们也有，体现中国在工程建设监管中根据自己的实情有所创造。

## 五、工程建设实行工程监理和咨询服务双轨制

我国现阶段工程建设监管应实行国家强制工程监理制和市场选择工程咨询服务双轨制，随着我国工程咨询服务机构的全面进步，建筑业诚信体系建设完善时，再择时取消工程监理制，切不能在工程咨询服务业还没有发展起来之前，就把具有重要战略意义的工程监理取消。

### （一）实行强制工程监理制的必要性

强制工程监理制在现阶段是最适合我国工程建设国情的有效的监管制度，满足了政府和社会的需求，产生巨大的社会效益，落实好强制工程监理制可确保社会一方平安。我国现阶段工程建设环境可没有工程咨询，但绝不可没有工程监理。当然，现行的工程监理制度在改革中需完善。

1. 现阶段我国项目建设量仍然很大，建设工程需要过程控制。产品质量直接关系到国家财产和人民生命安全，特别是商品住房容不得出大的质量问题，我国社会目前最需要的是安宁和稳定的环境，目前住房平稳可控的安全局面来之不易，如果取消社会工程强制性监理，失去过程控制后质量难以保证，给社会增加了不稳定因素，风险太大。

2. 现阶段我国建筑市场仍不规范。低价发标、非法转包和分包现象严重，国家质量安全监督队伍满足不了建筑业的监管需求。目前一个质量监督员普遍要承担几十个项目的监管任务，而且质量、安全监督员是点式监督，事后控制。没有了工程监理，开发商和承包方都是把经济利益摆在第一位，谁来保证产品质量？我们可冷静思考一下：开发商低价发标（低于成本价的现象普遍），总包再层层转包或非法分包，每一层发包都抽走了想要的利益，无疑等于反复、多层次降低了造价，最后实施的施工方为了弥补

亏损，唯一的办法就是偷工减料。

3. 现阶段我国诚信体系不健全。开发商、承包方、建材供应方等诚信度普遍偏低，违规成本低，相关方敢于铤而走险。

4. 建筑产品是特殊产品。因检测科技水平原因，仅靠最后检验难以判定建筑产品内在质量，竣工验收一般仅仅是查看资料和外观，过程控制目前是保证建筑产品质量的最佳方法。目前提出调整强制工程监理范围的原因，可能是监理的作用有许多不尽人意的地方，这些通过严格监管可以完全解决，否则解决矛盾和问题的方法出现本末倒置。

5. 真正的工程咨询业务在我国还远远没有开展起来（方案阶段除外，但我国的建设项目可行性研究报告编制，只要业主要上的项目，100%是可行的，因此也有虚假成分）。

### （二）培育工程咨询服务行业机制

目前工程咨询服务业在我国还没有普遍开展（工程监理不是工程咨询）起来，这是多方面的原因造成。一是政府的导向问题，实行工程监理制或项目代建好像就是工程咨询，而工程监理或项目代建都与工程咨询（项目管理）有着实质性的差别。二是业主对能够为自己创造出附加值的工程咨询服务了解不够，市场需求量严重缺乏，工程咨询服务机构目前尚缺生存土壤。三是工程咨询服务机构素质目前普遍达不到工程咨询服务的要求和标准，离国际水准相差太远，实施效果不理想。四是国家配套制度未建立。

针对目前工程咨询服务业存在的问题，首先政府出政策和方案，重视工程咨询服务，加强行业扶持力度，划清工程监理与工程咨询服务界限，取消工程代建，在政府建设项目中首先推广使用工程咨询服务（项目管理），培育工程咨询服务行业机制和氛围，培育工程咨询服务土壤；其次，工程咨

询服务单位加强工程咨询服务基础建设，培育高质量的工程咨询服务队伍，增强工程建设附加值创造力，多方面满足市场的需求和达到工程咨询服务的要求及水准，让业主使用工程咨询服务受益。

### （三）工程监理运行监管模式

1. 工程监理机构职责：工程监理行使建设工程质量控制、建设工程安全生产监督、建设单位建设行为监督、建设项目资料和信息管理等职责。

2. 工程监理费。在现有国家监理收费标准基础上适当提高标准，将工程监理费列入建设项目费用范围（如同教育附加费）。业主在项目开工前全数转交行业协会的工程监理费专用账户，在建设主管部门监督下行业协会向监理单位支付监理费。

3. 工程监理招标。实行政府采购，由本级建设主管部门采取招标形式确定监理机构并签订《建设工程监理合同》。

4. 监理人员职责。根据监理机构职责范围，在现有《建设工程监理规范》的基础上进行修改。

5. 行业监管、监理企业资质、人员资格管理及其他。由建设主管部门对监理机构实施监督、考核和管理，由行业协会对监理单位实施自律监管。在现有建设工程监理相关法规的基础上修改、完善相关内容。

### （四）建设工程咨询服务模式

由政府指导并制定配套法规，由行业协会进行自律监管。建设工程咨询服务模式、范围、内容、权益、收费标准、队伍选择、追责等仍都由业主和建设工程咨询服务机构协商，业主根据需求完全自主抉择。

## 六、科学选择调整强制监理对象

目前无论是试点还是相关信息，开展调整强制监理范围都是从非政府投资工程开始，鄙人有着完全不同的看法：如果要试点和调整也应从国有投资项目开始。道理很简单：所有的国有投资项目，无论是民建还是工矿业项目等，从狭义讲都是自建自用，都会十分注重产品质量，如果产品有质量问题，最后受害的是本单位和人员，领导和责任人被追责。而非政府投资工程多数相反，因非政府投资工程最多的是商品住宅，开发商不是商品住宅的最后业主，他们是商品供应者，他们追求的是利益第一化，产品不自用，产品出现问题时，风险转嫁给了广大用户，最后由政府埋单，这个问题希望引起政府和社会高度关注。

## 七、结束语

一是正确评价工程监理的作用，以保证建设工程产品质量为目的，对监理存在的问题采取怎样的措施需进行多方案比较。二是必须给工程监理正确定位，定位为"建设工程质量安全社会监督"非常符合我国国情。三是政府决定调整强制监理范围，需全面进行可行性研究和风险评估，希望在现阶段所有工程都实行强制监理，除非确认工程监理可以取消了。否则，开展调整还不如一次性全部取消工程监理，因为我国工程监理企业80%的是房建资质，在工程咨询（项目管理）业务还没有开展起来时，在试点区致整个行业瘫痪或半死不活，加剧监理队伍有用人才流失，工程监理企业成为空壳，试点后如果恢复工程监理，这时房建资质的监理企业恐怕早已消失殆尽，对工程监理业来说是长痛不如短痛。同时全部取消工程监理，工程监理企业还有死后复生的机会，加速转型，加快我国建设工程咨询服务业（项目管理）的发展。

# 精彩的人生：少帅·CEO·学者
## ——中国监理大师杨卫东印象记

上海市建设工程咨询行业协会　周显道

他，年近五十，但青春勃发；他，笃实敦厚，但思维敏捷；他，温文尔雅，但勤奋肯干。我所熟悉的中国监理大师杨卫东，这是他留给我的印象。

杨卫东，今年47岁，中等身材，略胖。他最引人注目的是"一头青丝半染霜"。那早生的根根

华发既是他拼搏的印痕、勤劳的记载，更是他智慧的结晶、成功的象征。2008年，41岁的杨卫东被评选为中国监理大师。

杨卫东1992年同济大学研究生毕业即投身监理事业，至今已22年。在这二十多年的历程中，杨卫东将青春与人生演绎得十分精彩。

### 少帅：勤劳拼搏　年轻成才

杨卫东1967年出生在江南水乡湖州南浔镇的一个双职工家庭。他天生便是读书的料，且品学兼优。初中毕业，以全南浔区第一名的优异成绩考入省立重点中学湖州中学。三年后被推荐并考入上海同济大学地下建筑与工程系岩土工程专业。在读本科的八个学期中，他每学期成绩均名列前茅，前七个学期均荣获同济大学一等奖学金，期末还被授予优秀毕业生称号。1989年经同济大学免试保送，杨卫东又在该校读了两年半的研究生，深造于地基处理专业。

说来不信，杨卫东与监理业有缘，他与初生的监理事业同进步共成长。在读研期间，他就开始接触工程建设监理工作。在工地上，他学到了不少课堂上学不到的知识。什么叫监理？年近六旬的黄教授给他上了深刻的一课。当时，正在建造的外滩

某重点工程，基础回填理应以实土夯实，但施工单位为了贪快而"捣浆糊"，就近拉了一车车的垃圾往基坑里倒，黄教授见劝阻无效，不顾年高体弱毅然跳入基坑，大吼：你们不整改，就休想施工！杨卫东从黄教授身上读懂：监理就是坚持原则，就是尽心为业主把关、服务。

1992年3月，杨卫东研究生毕业，学校挽留他在校从教，他婉拒了这宝贵的留校名额，毅然投身于初创的同济监理公司。别人说他，研究生搞监理大材小用，他却义无反顾。杨卫东说，我喜欢实践，我注重管理。

从最基层的驻工地监理员开始做起。3月春寒料峭，他穿上军大衣，夜以继日，与无情的钢筋、混凝土为伴。在基层实践的三年中，他埋头苦干，进步甚快，先后担任了监理员、专业监理工程师、总监理工程师直至项目经理，曾多次获得公司和上级的记功表彰。

由于出色的表现，1995年4月杨卫东转入管理工作，曾任同济监理公司计划经营部副经理、经理，总经理助理，兼总经办主任，主管行政、人事和经营工作。期间，他协助公司一举通过了ISO9002：1994质量贯标国际国内的双认证，为强化公司质量工作打下了基础。虽然管理工作很繁忙，但是杨卫东仍坚持兼管建设工程监理项目，不愿放弃每个实践的机会。

从1992~2002年的十年中，杨卫东曾先后负责过10多个大型监理项目，基本都获得好评。他参与或负责的项目曾多次获得国家鲁班奖、上海市白玉兰奖，还曾获得中国建筑钢结构金奖、上海市政金奖和上海市重大工程立功竞赛优秀集体的荣誉。

忆起监理工作的实践，杨卫东感慨良多。1992年，他接触的第一个项目是恒丰路汉中路口的上海市青少年文化活动中心大楼，工程设计由沪上一家著名设计院资深设计人员承担，同济监理公司负责设计监理。由于建造的大楼坐落于地铁车站之上，独特方位的施工在当时既无规范可循，也无

经验可借鉴，其难度和风险都很大。当时的杨卫东"初生牛犊不怕虎"，凭借其学过的地基处理专业知识，与项目组专家一起，按照设计监理的要求，反复审读设计图，一遍又一遍地计算、复核，提出了优化桩基设计的建议，并大胆提出两墙合一，利用地铁一号线地下连续墙作为地下室外墙，这样既方便施工，又能节约成本。他不畏权威据理力争，从而为建设单位节省费用几十万元，这在当时真还不是一笔小数目。

干监理这一行，辛苦是必然的。1993年杨卫东接手投资近6亿元的无锡市当时最高建筑——华光珠宝楼，任项目经理。他早上5点出家门，赶6点始发的头班火车，坐票买不到，只能在车厢里"立壁角"。因业务关系，有时每周要如此往返三四次，劳累自不待言，而且根本无法顾家。在这个项目监理的过程中，他与同事共同努力，运用多种技术手段精心管理，控制预算，为业主核减了工程资金1000多万元，为监理公司赢得了"诚信服务"的好声誉。

搞监理不仅需要干劲、技术，而且要注重工作的艺术。1995年杨卫东负责中国银行投资的18层银鹿大厦，施工队不理解监理行当，态度简单而蛮横。打桩基尤其要注重对质量的过程控制，按监理规程，杨卫东要求施工队每天填写七张质量检测表，施工队很不耐烦，对他说，你要数据，等我们打完桩再给你，从此就不搭理了。杨卫东急在心里，决心解开这一难题。他直接去找施工队的上级领导，做通了工作，然后由上级领导召集施工队一级级开会，由杨卫东给施工员集中授课，讲监理的重要性，讲质量控制的必要性和及时性。施工队终于醒悟了，知道监理员不是在找碴，而是在为他们保驾护航。桩基工程结束时，施工队领导十分感慨地说：监理不仅为我们把好质量关，而且帮我们培训了施工队。

从1992年入监理之门至2001年，杨卫东在基层历经了多级监理岗位，在公司又经历了数项管理工作。近十年中，他拼搏苦干，每星期几乎没有完

整的休息天。在奋斗中，他在进步，他在成熟。2001年3月，他被提拔为同济监理咨询公司常务副总经理。时隔一年，他跃升为这家上海乃至全国有较高知名度的大型监理公司的CEO。这一年，杨卫东离35岁还差两个月。

在同济大学，包括设计公司、科技公司等30家大型专业公司的总经理中，杨卫东在当时无疑是最年轻的，他无愧为名闻遐迩的少帅。

## CEO：创新开拓 引领发展

2002年8月，杨卫东担任上海同济监理咨询公司的总经理，其西化的时尚称呼叫CEO。这个大型公司的首席执行官不好当，企业效益如何？如何发展？重担在肩。我们先看看六年中企业经济效益的变化：2002年该公司年营业收入为3000万元，2008年已更名为同济工程咨询公司的整体营业收入已达3亿元，整整增长了10倍。2009年公司的年利润，也比2002年增长了5倍。为什么能取得这骄人的业绩？是员工的努力，是领导团队的奋进，也是企业这位掌门人殚精竭虑、辛勤拼搏的结果。

小试牛刀，旗开得胜，还有更大的使命在等待着年轻有为的杨卫东。2012年初，同济大学顺应市场经济大势，一个集工程咨询、工程管理和工程监理多品牌的投资管理型企业应运而生，这是一个拥有3000多名员工、四家子公司的多兵种作战的"联合舰队"——上海同灏工程管理有限公司，杨卫东应命出任总经理，并兼任其中三家子公司的董事长。

身负重任，"联合舰队"如何出击？杨卫东运筹帷幄，他和他的领导团队制定了"双轮驱动"的发展战略。即天佑咨询、同济项目管理、同济市政公路三家子公司，按各自企业特色分别在铁路、轨道交通，房建、市政，公路等三个领域稳固发展建设监理和项目管理。而杨卫东则把重心放在大力拓展工程咨询业上，兼任上海同济工程咨询有限公司的总经理。

企业领导贵在有超前的目光、领先的理念和前瞻的思维。监理业的转型升级，路在哪里？有许多企业都拼命挤在项目管理的一条道上，你抢我争。杨卫东认为，项目管理固然要发展，但我们能否把它作为一个开发的点，而把目光和精力投向更深远、更宽广、更领先的领域，以求得企业科学、可持续的发展。杨卫东把战略目光瞄向了现代服务性质的工程咨询业。

同济工程咨询公司背靠同济大学这棵参天大树，发挥上级上市公司同济科技实业股份有限公司现代企业管理模式的优势，并引入同济设计院集团公司为该公司战略股东，从而拥有了源源不断的咨询资源。公司依托大学丰富的专家群体，为客户提供专业化、个性化的咨询服务，从而在业内树立了值得长久信赖的专业顾问形象。他们为客户提供与工程建设相关的投资咨询、管理咨询与技术咨询，包括工程项目的前期决策咨询和评估、工程项目管理和代理、工程造价咨询、招投标和采购代理、工程技术咨询和管理等贯穿于项目建设全过程的综合性或阶段性专项管理咨询，积极为政府、行业、企业的发展提供决策和管理服务。

打造卓越的同济咨询服务品牌，公司已取得了不小的成果。2012年，公司获得高新技术企业认证；2012年公司新签的工程咨询类合同额达1.88亿元，2013年提升至近2亿元。公司承接了中国商飞、天津于家堡金融区项目群、上海迪士尼、山东兖州百项工程等众多工程的项目管理任务，公司发展前景十分可观！

如同对弈，好棋手往往比自己的对手多想、深想好几步。杨卫东并不满足于咨询业仅停留在建筑工程的管理、技术等传统领域，他考虑把公司咨询的触角伸向环境、土木、汽车交通，甚至海洋、金融等未开发的处女地。公司在锐意进取，拓展的路还很长很长。

驾驭同灏公司这个"联合舰队"，杨卫东把同济咨询公司比作"旗舰"，在前进的途中发挥探索、引领功能。但同时，杨卫东又把这家公司比作试验田，或推进机、孵化器。前卫、新型的管理方式如项目群管理、项目总控、全过程项目管理等，先在咨询公司里作试验，等取得成果后再在三家子公司推广、应用，或者孵化成一个小型公司再作进一步的深化探索。

杨卫东的思维总力争比别人领先一步。他在咨询公司里建立了工程咨询研究中心，这一产学研结合的窗口，注重将前沿的科学理论研究和工程、管理实践有效结合，并互相促进，运用于项目实践，为推动公司建立核心竞争力奠定坚实基础。他敢于每年向咨询研究中心砸下100万元，不断研发新的咨询服务产品、方法，作为产能的储备。当行业中不少监理企业把BIM仅作为防碰撞的信息流，热衷于简单地应用在施工安装中时，杨卫东早已向研究中心下达了BIM如何在综合管理或全过程管理领域发挥长效作用的研究课题，现在已小有成果。

杨卫东身为总经理，他首先考虑的是企业将如何科学发展？他说，我们并不急于去市场多抢几个项目，我们并不贪图埋头赚钱，我们最注重的是把握时代赋予的机遇，确定企业战略发展的新思路，并实践之。我们必须要有第一个吃螃蟹的勇气，更要有深思远虑的前瞻性，一定要在企业的可持续发展、科学发展上下功夫、用狠劲，真正把公司打造成国内一流的大型综合性工程咨询服务企业。

杨卫东心中有个梦：办一家像世界著名的美国柏克德（BECHTEL）工程公司那样的企业。企业在做实做强、再做大做精的基础上，跨入全国、跻身世界、走向卓越。

## 爱才： 巡回问诊 人尽其能

人能尽其才则百事兴。杨卫东深深懂得人才的重要性。他曾多次强调：21世纪的竞争是人才的竞争，谁拥有了21世纪的人才，谁就拥有了21世纪的财富。他又指出，人是资源，人才资源是企业的第一资源，企业必须实施人才发展的先导战略。

杨卫东人才战略的目标是培养一支德才兼备的高素质人才队伍，包括技术性、管理型的高端人才、专业技术带头人和具有实际工作能力的复合型人才。

为了吸引、培养、稳定人才，公司实施人力资源开发与管理的六项机制：明确人才需求的引进机制；开展星级优秀员工评选的竞争机制；建立、健全专家库的整合机制；定期举行头脑风暴、经验分享会的交流机制；培训多样化、常态化、制度化的培育机制；股权激励、倡导按生产要素分配的激励机制。这六项机制都正在发挥积极的效应。

杨卫东将他惜才、用才的理念付诸行动，他在工作实践以循环法培养人。大凡大学本科生、硕士生，甚至博士生进单位，先在公司集中学习一段时期，一方面进行专业培训，更重要的是让大家感受公司的企业文化，领悟企业精神。然后再下放到工地从最基础的管理工作做起。在基层的一年中，观其行、察其言，加压力、给动力，然后选拔出优秀者，再调回公司管理部门任职。杨卫东说，给年轻人加压力很重要，要迫使他们把一天当两天用，这样他们的成长就快了一倍。但在压担子的同时，必须多关心，多点拨。如同济经管学院毕业的女硕士生敖永杰肯学习、敢干、善钻研，通过实践锻炼很快胜任了咨询中心副主任职务。公司青年多，杨卫东善于与青年打交道，近日他被青年员工一致评选为同济大学"师风师德优秀教师"。

杨卫东善于谈心，用聊天的轻松方式来谈心。他并不像有的领导，把下属叫到自己办公室闭门密谈。杨氏谈心法是下沉式、开放型的，被同事们戏称为巡回问诊法。杨卫东一有空闲，就喜欢去科室、部门、工地串门，找人聊聊工作、学习、生活。通过聊天，交流、融洽了感情，了解了下情，同时又能释疑解惑，解决实际问题。杨卫东说，我虽然经常出差，但公司的情况我却一清二楚，其中谈心是好方法。凡有新进公司的管理骨干，他必先与其谈一次心；研究生进公司后，每隔三个月，以谈心方法与他们交流一次。谈心使领导与员工融为一体。

杨卫东十分关心青年员工的成长，他提出以人为本，将心比心关爱青年。他说，每个青年都面临着票子、房子、娘子、孩子、车子等实际需求，企业必须给他们以安全感。办法是"授人予鱼，不如授人予渔"，要教会他们致富的方法，这就是以拼搏的精神去工作、学习，不断进取。

朱小龙是2002年进公司的研究生，一进公司先让他沉到建筑工地从监理员干起。一年后工作有起色，再让他负责大厦的玻璃幕墙安装，他干得有滋有味。事后，杨卫东指导他将工作实践总结成理论，编书出版，现在朱小龙在同济工程项目管理公司工作，任一分公司总经理。王晓睿是清华大学的研究生，刚下工地时对监理工作认识不足，前景迷茫。杨卫东主动找他谈心，鼓励、引导他从最底层干起，熟悉、了解情况，将书本知识化为实际工作能力，并指出"是金子总会发光"，只要有才能，在公司总有用武之地。他在做华为上海公司总部大厦的项目中颇有成绩，现调项目管理公司任副总经理，成为该公司卢本兴总经理的得力助手，主管经营管理工作，成绩斐然。

杨卫东说，在用人的问题上我们一定要讲诚信。他提倡，在人力资源工作中加强制度化，逐步增加透明度，让员工能看到前途，看到希望，通过竞争促进成长。公司将有关职工的培养、激励、升迁等事项形成制度，个人认为自己符合条件可以毛遂自荐。公司一位具有多年监理经验的青年博士生曾炜，主动请缨担任上海市重点工程——东方肝胆医院安亭新院和国家肝癌科学中心工程项目管理工作的负责人，公司经考评后放心让他去发挥才能。目前项目已接近尾声，他受到业主单位领导的好评，已成为公司业务和管理的骨干。

为了鼓励学子早日成才，公司建立了"同济工程咨询奖助学基金会"，每年拨出法人经费万元，奖励同济大学管理学院、土木学院、城规学院和环境学院的品学兼优的学生。

苦心经营结硕果。多年构筑的人才资源机制，为企业垒造了一个高质量、多元化的综合资质平台。目前，整个公司已具备了国家发改委、住房城乡建设部、交通部、财政部、质量监督局等多部委、多行业在工程咨询、工程造价咨询、招投标代理、政府采购代理、工程监理、设备监理等领域的11项甲级资质，并聚集了项目管理工程师、咨询工程师、造价工程师、招标工程师、房地产估价师、律师、会计师、经济师、建筑师、建造师、结构工程师、岩土工程师、环境评价工程师、安全工程师、监理工程师等共1000多人次。在公司管理骨干中，高、中级职称技术人员已占85%以上，硕士、博士学历人员占30%以上，管理、经济及复合型人才占55%以上。

一支结构合理、高素质、高效率、经验丰富、有责任心的优秀管理团队已基本建立，这是企业走向胜利的保障。

## 学者：开拓创新 同迎春天

BOSS本色是学者。这是人们对杨卫东的评价。

杨卫东除了企业领导人的身份之外，还是同济大学经济管理学院硕士生导师，教授级高级工程师。他热心于社会工作，还承担着社会职责，他拥有一连串的社会职务、头衔：中国建设监理协会常务理事、住房城乡建设部建设工程监理专家组成员及命题组专家、建设工程监理与项目管理战略发展专家委员会专家、监理企业资质评审专家、中国工程咨询协会专家、上海市建设工程咨询行业协会副会长、上海市建设工程咨询行业协会专家委员会副主任委员、上海建设工程监理评标专家、上海建设工程企业资质评审专家、上海市政府采购评审专家、上海市节能评审专家、上海市绿色建筑和节能专家；英国皇家特许测量师、建造师学会会员，美国成本工程咨询师协会会员等。

杨卫东在监理企业的发展、服务产品多元化经营战略的理论研究上很有建树，他在不断实践、不断探索、不断总结，近年来撰写了10多篇论文，在《上海管理科学》等杂志上发表。杨卫东近年还主编或参编、出版了《工程项目管理理论与实务》、《工程咨询方法与实践》、《建设工程企业资质资格管理》等多本专著。

杨卫东作为监理理论的专家，多次参加了住房城乡建设部主持的一系列法律、法规、条文的制定、修订和完善工作。他曾作为监理行业的代表，参加了对《建筑法》的修订；他作为主要起草人之一，参与起草和修订了《建设工程监理规范》；参加对《监理工程师注册管理办法》、《监理企业资质管理办法》等规章、规范的制定、修订。杨卫东曾多次参加住房城乡建设部组织的全国监理行业的调研工作，走东闯西历经几十个城市了解情况。他曾多次参与行业内多项课题的研究，主持国家《建设工程项目管理合同（示范文本）》课题的研究，参与国家《建设工程委托监理合同（示范文本）修订》、国家《建设工程分类标准》、《建设工程咨询分类标准》、《工程质量责任保险》等规范和课题的起草和研究工作。2004年、2005年，杨卫东参加了住房城乡建设部组织的内地监理工程师与香港测量师的资格互认工作。为了行业的发展，杨卫东尽心、尽责、尽力，服务大众，自觉承担社会责任，作出了显著的贡献，在行业内享有较高的声誉。

杨卫东说：行业的发展是我们企业发展的源泉，长期以来我将自己许多的精力花在行业的推进工作上，对此我不遗余力，这也是我们每个监理人的责任。他爱人曾统计过，杨卫东一年中最多竟有181天在外地出差，四处奔波达半年时间。真是不算不知道，一算吓一跳！

那么杨卫东为何对推进行业工作如此倾心？他说：我的思想上始终确立着一个"竞合"的理念，同行业的相关企业在市场上不可避免成为竞争对手，但在平时的工作中大家应该是互相合作者。你说，老城隍庙市场，同行业的竞争也很激烈，但为什么生意还如此火爆，他们求的就是规模效应。同行只要公平、有效、有序竞争，就能做到双赢或多赢。所以杨卫东说，行业中一二家企业好，不

算真正的好，只有大部分企业发展了，整个行业才会进步。为此，他认为，咨询行业各企业都要怀有"百花齐放共迎春"的思想境界。

杨卫东说，每次出差北京等地参加各类行业活动、社会活动，总是反复告诫自己，你是企业的代表，你是上海地区的代表，你是行业的代表，你一定要为同行企业争取话语权，争取制定政策的参与权和决策权，要为同行兄弟讲话、争取权益！杨卫东是这样想，也是这样做的。

1998年4月，杨卫东参加《建设工程监理规范》的制定，他感到总监任职资格的规定太繁琐，关于一名总监理工程师只能负责一个监理项目不符合基层实际，提出了修改意见，被采纳了。2004年，杨卫东在参加《建设工程项目管理试行办法》的制定工作时，提出"从事项目管理的企业应有基本的资质要求，但不应设专门的项目管理资质，有资格要求但不设专门资格，即允许一人在一个企业进行多项执业资格注册"的建议，这为有关企业开展项目管理工作创造了条件，也为企业的发展创造了广阔的发展空间。2008年，杨卫东在参加制定《关于推进大型工程监理单位创建工程项目管理企业的指导意见》时，将自己企业长期实践、探索和研究的经验、建议无私奉献出来，丰富了这个文件的内涵。

中国监理大师杨卫东的工作无疑是杰出的，艰辛的劳动也给他带来了一系列的荣誉：2004年他被评为全国建设监理先进工作者，2006年他被住房城乡建设部评为建造师管理工作优秀专家，被同济大学评为优秀党员，2009年他被评为全国建设工程监理行业优秀专家，2010年他被评为建造师执业资格考试优秀命题专家等。

杨卫东将荣誉看得很淡，他是个善于思考、注重实践、勇于探索的先行者。他总是走在时间的前面，他现在正在思考着企业五年、十年后的规划蓝图。

慎思追远，用创新的希望拥抱胜利的明天——这是杨卫东的目标。

# 建设工程监理合同之法律风险控制

中国政法大学民商经济法学院教授、博士生导师　李显冬
中国政法大学民商法学博士后　王峰

我国于1988年开始推行建设工程监理制度。[1]这是我国工程建设监理与国际惯例接轨的一项重要举措。

## 一、建设工程监理合同的基本法律属性

### （一）监理合同一般是指施工阶段的监理合同

按照工程建设的不同阶段，监理合同可以分为建设前期（投资决策咨询）监理合同、设计监理合同、招标监理合同、施工监理合同等类型。[2]目前，我国的所谓监理合同一般是指施工阶段监理合同。

监理合同的当事人为建设单位和监理单位两方。根据合同相对性原则，施工方仅仅是建设施工合同而并非监理合同的当事人，所以在监理合同的权利义务中，只限于建设单位和监理单位之间，而就施工方的责任而言，那已是另外的建设工程合同法律关系的内容。

### （二）建设工程监理合同的基本法律特征

1. 建设工程监理合同属于委托合同。

委托合同以处理事务为内容，从法律特征看，属于行为之债，故具有人身信赖性，双方具有互付对价给付义务。[3]在监理合同中法律关系中，建设单位是委托人，监理单位则是受托人。

2. 建设工程监理合同是诺成、要式、双务、有偿合同。

（1）工程监理合同在双方达成合意并签订书面协议后即成立。

工程监理合同是诺成合同，而非实践合同。这也是监理合同一般都要签订书面的合同，故而为要式法律行为的重要原因。

（2）工程监理合同是有偿双务合同。

监理合同中监理人为委托人提供监理服务，委托人支付一定价款作为对价，国家也对监理服务取费标准进行了特别规定，因此它是有偿服务。同时双方都互相承担一定的义务，因而为双务合同。

3. 建设工程监理合同是专业的技术服务合同。

与建设工程合同的标的物即特定的有形的建筑物本身不同，监理工程师的工作职责总体上比建筑师更加专业化，通常局限于他们自己的专业范围之内的设计和监理工作。[4]其作为专业技术人员[5]，所提供的服务是基于自身专业技能进行的无形的管理、技术或咨询服务。

4. 建设工程监理合同须以社会公信为基础。

（1）我国的工程监理依法律规定由国家强制推行。

我国《建筑法》规定国家推行工程监理制度。工程监理企业是"作为一个独立的专业公司受聘于业主去履行服务的一方"，应当"根据合同进行工作"，咨询工程师应当"作为一名独立的专业人员进行工作"。[6]我国《建设工程监理规范》要求，工程监理企业按照"公正、独立、自主"的原则开展监理

工作。因此，监理工程师在监理活动中作为建设单位的代理人，自然须以被代理人的名义，为被代理人的利益，在自己的专业范围内，独立地进行各种有关监理的意思表示。

（2）工程监理企业应该客观公正地对待建设单位和施工单位。

我国《建筑法》明确指出，工程监理企业应当根据建设单位的委托，客观和公正地执行监理任务。监理单位要成为"公正的第三方"。

### （三）工程监理企业须依诚实信用原则行使合同权利

工程监理的工作内容可以归纳为"三控两管一协调"，即质量控制、进度控制、投资控制、合同管理、信息管理和协调工作。[7]监理合同中应当明确监理单位的主要权利，监理工程师在监理实践中，应当正确利用这些权利，根据情况采用适当的方式来履行自身的合同义务。

根据合同约定或法律规定，监理享有提出建议权，发布指令权，检查检验权，审核确认权，要对技术文件予以确认，对施工过程中的施工质量进行确认，对重要部分和最终的工程项目实体的验收来进行确认，工程监理企业还可以对工程结算进行审核确认；其还依法享有"例外放行权"，以及监理的获得薪酬及奖励权等合同权利。故而，在合同的签订与履行过程中，建设工程监理合同的风险防范，自然即成为首先须注意的问题。

## 二、实践中应多措并举以控制监理合同可能风险

### （一）对委托监理合同应与施工承包合同一样重视管理

建设工程委托监理合同无疑也是建设工程的主要合同之一。在工程实践中，监理往往重视对施工承包合同的管理，但可能忽视对关系到自己切身利益的委托监理合同的管理，造成土建工程委托监理合同履行的高风险。所以，正确地认识建设工程委托监理合同所面临的风险，探索其作为合同所必须的风险防范对策，无疑对确保委托监理合同的全面履行具有重要意义。所以，只有注重监理合同条款分析，分析评价每一合同条款执行的法律后果，找出隐含哪些风险，才能有针对性地采取防范措施。[8]

建设工程监理合同风险主要来源于四个方面：第一为自然风险，即无法抗拒的外来风险，如地震、台风、战争等不可抗力风险。第二为建设单位引发的监理风险，如要求施工方垫资、合同过于简单、职责不明或不严格履行合同、过多干预监理工作，一旦出现问题，监理企业则会失去控制自身风险的主动权。第三为监理单位自身原因产生的风险，如无资质挂靠经营、超范围经营、转让监理业务、人员不固定、素质低等造成工作失误或酿成重大事故。第四为施工单位带来的风险。施工承包商对于确保工程建设质量、避免安全事故意义重大。如施工承包商不派员进行质量检查，而完全依赖监理单位进行质量检查、承包商层层转包、承包商与建设单位关系过于密切等，都引发监理风险控制难度加大。[9]

### （二）订立监理合同内容尽可能明确方能防范法律风险

1. 一定要明确监理合同的履行期限、方式和地点。

委托人与监理人应在订立工程监理合同时对合同的履行期限、地点和方式进行充分的协商并予以明确。

合同中应确定监理工作的具体开始时间和结束时间，如果由于工程建设过程中的变化导致履行期限的延长，则应在合同中另行约定或在延长情形发生后双方另行订立补充协议。履行期限明确后，委托人与监理人应根据监理人的实际投入、工程进度等约定合同履行方式，主要包括监理费用的结算金额以及结算方式等。监理合同履行地点也应明确，一般情况下工程建设地点为合同的履行地点，但如果工程建设地点较多时，可在监理合同中进行明确的约定。

2. 须写明监理合同的委托范围和工作内容。

工程监理合同应明确监理委托范围，这是监理人为委托人提供监理服务的前提和基础。监理合同中应当明确监理委托范围包括哪些阶段，是从设计阶段开始还是从施工阶段开始，每个阶段又包含哪些单项工程，每个单项工程又包含哪些专业，是仅监理某几个专业还是全专业都要监理。如果相关条款的内容表述不清，可能导致建设工程的某项专业无人监理和监理人超越监理范围的情况出现，从而给委托人或监理人带来较大的经济风险。工程监理合同还应明确约定监理的工作内容，委托人和监理人应在合同专用条款或者附加协议条款中对监理人的工作内容进行清楚而严谨的描述，使双方对各项工作内容的表述都能够认定一致，从而避免纠纷发生。

明确监理合同委托范围和工作内容的目的就是严格划分合同责任，使监理人做到"有所为而又有所不为"。对于

监理合同约定范围内的工作，做精、做细、做好，对于超越监理合同之外的事宜，虽然关乎建设投入或工程质量，但只需要监理单位进行善意提醒即可。

## 三、防范监理法律风险得完善资质管理系统且强化质量管理意识

### （一）建设工程监理中传统上比较重视严格的资质管理

例如英国一直在沿用的测量师制度。英国特许测量师学会发放RICS证过程非常严格，有五个必经阶段：一是经过三到五年的学习，二是三年以上的实习，三是通过考试或面试答辩，四是必须要有工程实践，五是颁发证书。[10]

我国最新出台的《工程监理企业资质管理规定》是2006年12月11日经建设部第112次常务会议讨论通过，并于2007年8月1日起实施。该规定较为详细地明确了各类、各专业工程监理企业申请资质的要求以及各资质等级的监理范围，对工程监理合同监理人的主体资格的确定具有重要指导意义。但由于我国监理专业众多，国家应进一步按照部委分工，明确各类监理专业企业监理资质的管理规定，明确各个交叉行业资质管理的原则，从而使工程监理人的合同主体资格在订立工程监理合同时更加明确、规范、有效。同时，建立诚信体系，对于出借资质、以低资质招揽高资质业务的违法行为进行严厉的处罚，直至将此

类监理企业清除出监理队伍。

### （二）防范风险须加强对建筑单位建筑质量的管理意识[11]

《建设工程质量管理条例》第三十六条规定："工程监理单位应当依照法律、法规以及有关技术标准、设计文件和建设工程承包合同，代表建设单位对施工质量实施监理，并对施工质量承担监理责任。"近年来，国内发生了多起监理工程师因工程质量或安全事故被追究刑事责任的案例，工程监理的责任和风险开始成为业内人士关注的重点。监理单位承担的风险包括行为责任风险、工作技能风险、管理风险、职业道德风险、社会环境风险等方面。[12]

2014年9月5日，住房和城乡建设部副部长王宁称，工程质量责任应该由参与工程项目的勘察单位、设计单位、施工单位以及建设单位和监理单位承担。具体到人，应该是勘察项目负责人、设计项目负责人、施工项目经理以及建设单位项目负责人和总监理工程师。"这五方主体对工程质量负终身责任。""工程项目在设计使用年限内出现质量事故或重大质量问题，首先要追究这5个人的责任。不管责任人是离开原单位还是已经退休，都要依法追究其质量责任。"[13]

由此可见，监理单位质量管理责任正在逐渐加大。工程监理人员认为工程施工不符合工程设计要求、施工技术标准和合同约定的，应当要求建筑施工单位改正。未经建筑工程师签字的建筑材

料、建筑构配件和设备不得在工程上使用或者安装，施工单位不得进行下一道工序的施工。未经总监理工程师签字，建设单位不拨付工程款，不进行竣工验收。工程监理人员发现工程设计不符合建筑工程质量标准或者和他约定的质量要求，应当报告建设单位要求设计单位改正。

## 四、防范法律风险应赋予全过程监理的法律权利[14]

现行法律、法规对监理责任的范围规定尚不健全，过多强调了监理的质量责任和安全责任，忽视了监理在合同管理、进度控制、投资控制等方面的重要作用，应当将质量、安全、进度、造价和合同管理作为一个有机整体。如果仅就质量而质量、就安全而安全则很难真正搞好质量和安全。

在建筑质量控制上，对于监理单位要做到权利与义务的平衡与统一。加强安全生产势必增加监理的工作量和责任，但由此增加的监理费用又没有人来承担。在监理收费过低的情况下，利益主体之间出现严重的不对称性，监理单位很难承担过细、过多的安全责任。应当合理区分施工单位安全责任与监理安全责任，避免安全监理工作过细，以致成为施工单位的安全管理人员。应该充分发挥施工单位作为安全生产主体的安全管理职责，监理单位对施工单位安全技术措施的审查应侧重程序性审查与符

合性审查。

可见，监理单位承担双重责任：一是"维护国家荣誉和利益，执行有关工程建设的法律，法规，规范，标准和制度"（第一责任），二是"努力向建设单位提供与其水平相当的服务"（第二责任）。前一种责任可称之为社会责任，国家推行强制监理制度的目的之一便是保证国家重点建设工程和大中型公共事业项目的建设效果，使建设工程项目能按照既定的目标进行；而后一种责任是根据委托关系产生的契约责任，监理人在契约期间对建设单位委托的监理工作履行职责，代表建设单位对施工情况进行监督和管理。一般情况下，这两种责任是吻合的，但也可能存在差异，甚至背道而驰。[15]有关部门在追究安全生产责任时，要客观公正地进行处理，避免监理单位的安全责任无限扩大，以做到监理单位在建筑安全管理上做到权责利的统一。

## 五、防范风险即须明确监理归责原则及赔偿责任

《合同法》第四百零六条规定："有偿的委托合同，因委托人的过错给委托人造成损失的，委托人可以要求赔偿损失。"《建筑法》第三十五条规定："工程监理单位不按照委托监理合同的约定履行监理义务，对应当监督检查的项目不检查或者不按照规定检查，给建设单位造成损失的，应当承担相应的赔偿责任。工程

监理单位与承包单位串通，为承包单位谋取非法利益，给建设单位造成损失的，应当与承包单位承担连带赔偿责任。"《合同法》在委托合同中采用了以过错为要件的归责原则。

过错往往导致违约，但违约行为并不一定就是由违约方的过错造成，有时违约是由他人过错造成，或者是多方共同过错造成，按照过错责任原则，没有过错就不承担责任，如果责任是由单方造成的，则由有过错的一方承担责任，如果责任是由多方造成，则根据各方各自过错的程度分别承担与过错相适应的违约责任。[16]

由于监理工程师本身所掌握的技能程度不同、积累的经验不同、服务的客观环境不同，要想完全避免疏忽和过失是不可能的。监理工程师在专业行为上的过错一般属于职业疏忽或过失，这是专业技术服务行业的特点。除非有明确的证据证明是监理人的故意行为，否则监理工程师在委托的监理业务范围内的失职行为，均应视为疏忽或过失的行为。在认定监理的违约责任时，以过错责任原则作为归责原则较为合理。工程监理合同履行过程中，如果由于当事人一方的过错，造成合同不能履行或者不能完全履行，由有过错的一方承担违约责任；如属双方均有过错，根据实际情况，由双方按照过错的大小，分别承担各自的违约责任。

为确保工程监理合同约定的各方权利与义务得以实现，合同得以顺利履

行，应在合同中明确规定委托人与监理人应承担的违约责任的情形，必须在监理合同中将监理人违约责任部分的内容在借鉴国际惯例的基础上进一步的具体、强化，以形成统一的监理违约行为的判断依据和判断的出发点。[17]

首先，如果任何一方在合同有效期内违反法律规定或合同约定未履行或未完全履行合同义务，均应向对方承担赔偿责任。其次，在违约行为发生后应明确具体的赔偿方式及数额。监理人因主观过错给委托人造成经济损失，应向委托人进行赔偿，但累计赔偿总额不应超出合同约定的除去税金后的监理费用(监理人恶意串通承包人或第三人，导致委托人的损失除外)，且监理人不对合同有效期限以外由于各种原因导致委托人的经济损失承担责任，也不对由于其他参建单位的违约行为导致委托人的经济损失承担责任。如果一方向另一方的索赔请求不成立，则提出索赔申请的一方补偿另一方由此导致的各种费用支出。

## 六、防范风险须健全建设工程监理责任保险制度

### （一）建设工程监理责任保险制度的特有理念

监理单位责任是指从事监理服务的监理单位或监理工程师因违反了有关法律、法规的规定而必须承担的法律责任，以及因不履行或不适当履行委托监理合同给委托人或第三方造成损失而需

要承担的合同责任的总称。[18]新版《监理合同示范文本》取消了监理责任赔偿限制，加大了监理企业的风险，也增加了监理合同管理的难度。

风险责任应当由能够获得风险利益和最有能力控制风险的单位承担。在合同签订前应通过各种方式和渠道对对方的资信情况进行调查，掌握和了解对方的履约能力，如调查该企业的行业地位、商业信誉、产品的销售渠道和市场份额、企业的履约记录、企业财务报表上体现的盈利能力、是否受到任何行政处罚或者处罚是否影响企业的商誉或履约能力等。[19]毫无疑问，施工单位可以获得安全施工的利益，且最有能力控制安全事故的发生，对于对社会公共安全负有责任的政府而言，由于它具有强大的公权力，因而也最有能力控制安全事故的发生；而监理单位既没有风险利益，又没有强大的公权力，作为市场经济中的一个市场主体如何能够承担这样的重责。因此，应当为监理单位的责任转移寻找出路。监理责任保险为监理企业提供了一条安全而经济的转移职业责任风险的途径。

监理责任保险是一种风险转移。所谓风险转移是指通过某种方式将某些风险的后果连同风险对应的权力和责任转移给他人，转移的本身并不能消除风险，而是将风险管理的责任和可能从该风险管理中所能获得的利益移交给他人，管理者不再直接地面对被转移的风险。[20]监理职业责任保险是指监理单位或监理工程师对自身所需承担的监理工程师职业责任进行投保，一旦由于监理的疏忽或过失导致建设单位或其他第三者的损失，其赔偿将由保险公司来承担，赔偿的处理过程也由保险公司来负责。[21]

## （二）建设工程监理责任保险在世界上已有丰富经验

1948年美国国家工程师协会开创了工程师职业保险制度的先河，之后监理保险制度开始高速发展，保险费用也随之以惊人的速度增长，[22]监理保险制度成为防范巨额工程损失的有效措施和必要手段。咨询工程师职业责任保险作为工程保险的重要组成部分，在西方国家是强制推行的。在美国，咨询工程师如果没有购买相应的责任保险，或者没有取得相应的保证担保，就无法取得工程咨询合同。职业责任社会保险不仅成为强制推行的法律制度，同时也是建设主体各方普遍遵循的惯例准则。

法国作为一个典型的实行强制性工程保险制度的国家，其《建筑职责与保险》规定，凡涉及工程建设活动的所有单位，包括业主、建筑师、总承包商、设计或施工等专业承包商、建筑产品制造商、质量检查公司等，均须向保险公司进行投保。[23]

上海于2002年首次对在监理职业责任保险制度进行了尝试。[24]购买职业责任保险实际上是将工程监理可能会遇到的责任风险转移给社会营利性质的保险公司来承担。当责任风险事件发生并造成损失后，由保险人对被保险人提供一种经济上的补偿。

## （三）建设工程监理责任保险制度有其不同的保险模式

国外监理责任保险制度的执行模式大致可以分为两种。一种是以美国为代表的国家，国家不采取强制性规定要求建设工程监理行业实行监理责任保险制度，监理方依据业主自身情况和工程需求，自行在市场上寻找合适的监理责任保险。另一种是以加拿大为代表的国家，国家以法律形式强制性要求建设工程监理责任保险，但通常情况下政府不直接管理，而是授权给监理协会，由其全权负责具体监理责任保险制度的运行。[25]

加强保险公司与监理行业协会的合作，共同推行监理工程师职业责任保险。借鉴律师、注册会计师、医疗等职业责任保险推行的成功经验，利用行业协会的广泛影响力来宣传监理工程师职业责任保险，签订行业性保险协议，取得集团作战的优势效果。行业协会也要发挥自己的作用，从专业的角度提供责任风险量化的技术支持，在费率制定、理赔方式等方面共商共议，努力建立一个专业的责任鉴定和纠纷仲裁的权威机构，使监理与保险两方面协同发展。上海市建设监理协会在全行业推行责任保险，取得的一些经验值得借鉴。监理合同范本需作适当修改，目前的合同范本，是按照没有实行监理职业责任保险的条件编写的，有些规定与实行责任保险相违背。因此，可以从合同义务的角度对监理职业责任保险作出约定。[26]

同时，可以针对具体的项目来购

买监理工程师的职业责任保险，保险单内的资金仅限用于投保的项目，而不得用于监理单位由于其他项目引起的索赔或赔偿。保险的有效期通常是从投保开始至建设单位接收该工程时止，其后设置一个宽限期，一般为十年。这个十年的期限，一般是指从建设单位接收该工程后的十年期限，而不是从购买保险日开始的随后十年期限，十年的责任期限结束后，对于职业人士来说是绝对免责的。[27]这样可以做到监理行业协会投保和监理企业投保的结合。

同时，必须严格将监理的可保责任限定在职业责任的范畴内，也就是在建设单位委托的监理业务范围内，由于监理的疏忽或过失，未能适当地履行委托监理合同，从而给建设单位或第三方造成了损失，这种情形才属于可保范围，要特别防止将一切责任都推到监理方的倾向。

## 七、充分发挥行业协会在风险管理中的重要作用

### （一）我国当前需充分发挥监理行业协会的纽带作用

充分发挥监理协会的管理纽带作用，来规范监理行业管理，解决不断涌现的新问题，是政府和监理企业都应考虑的问题。行业协会作为连接宏观和微观的纽带，其不可替代作用被越来越多的有识之士所认知。[28]在这一背景下，我国的监理企业开始自发组成行业社会团体，并主动接受政府相关部门指导。

随着1993年我国第一个全国性监理行业协会——中国建设监理协会成立，各地方性监理协会陆续成立。监理协会的发展对建设行业的健康快速发展起到了有效的促进作用，但仍然存在许多问题我们也不能忽视。对内部而言，协会举办活动形式重于内容，内容实战性不强，科学先进的技术方法不能及时有效地运用到实践，缺乏有效监督管理体制，行业中存在的不依法经营、互相诋毁、恶性竞争的现象查处力度不够。

对外部而言，我国完善监理制度的一大障碍便是政府行政主管部门中既得利益集团的干预。既得利益集团的出现，会使改革的走向脱离改革初衷，会严重损害人们对改革的信任，会导致改革变形。[29]政府本应在建设工程监理过程中只起宏观监督作用，但由于利益的驱使，不少行政主管部门对施工单位进行微观干预，对本应由监理负责的实体质量检验指手画脚以从中牟利，使得正常的工程监理被扰乱，严重影响监理行业的发展。

因此，在目前市场主导、简政放权、减少行政审批的大背景下，[30]政府行政主管部门要充分放权给监理协会，让监理协会充分发挥桥梁和纽带的管理作用。

### （二）应授权监理行业协会制定行业信用和质量评估标准并建立诚信数据库

由于我国建设工程监理事业开创刚刚二十九年，还处在不断探索中的初级阶段，我国建设工程监理的相关法律制度尚不完备，也缺乏体系性。我国工程合同的各类合同文本和条款不完备，条文简单，过于原则，许多权利和义务的规定，没有定量化和定时化的标准，使得监理工程师无法对这类合同的履行开展监理工作。[31]在这种情形下，监理协会作为行业社会团体，应根据不断变化的新情况新问题，及时制定和修改监理行业信用和质量评估标。其意义在于一方面为建设单位选择监理企业提供可靠的依据，一方面也是对监理企业走向良性竞争轨道的促进。现在的监理企业性质存在差异，规模不同，实力不一，提供监理服务的质量也不尽相同。

市场经济本质上即是诚信经济。监理企业的行为准则之一就是诚信，但要做到诚信必须克服各种困难，加强职业道德教育，树立诚信观念，提高服务质量，履行承诺。[32]实践中，业主不可能了解所有监理企业的背景和曾经的服务质量，如若监理协会能提供全面而直观的信用和质量评估标准，建立监理企业的诚信数据库，披露监理企业的不诚信记录，并向社会公开，供社会查询，建设单位便可以方便地寻找到适合自己的监理企业。这无疑会促使监理企业强化内功、诚实守信，推动我国的监理行业迈上一个新的台阶。当然，这里的质量标准涵盖多项指标，包括但不限于工程项目的质量标准。工程项目的完成质量和施工方实力、供货方货物质量、自然条件等都具有直接联系，如若把工程项目质量直接等同于监理方的服务质量则显然有失公平。因此协会在评估时切

忌把范围狭隘化，应全方位、多角度的衡量。

### （三）行业协会要指导监理单位用好监理合同示范文本

各种《监理合同(示范文本)》的发布是规范监理市场秩序的一项有力措施，也是保护当事人合法权益的重要保证，也是完善监理合同法律制度的具体举措。[33]虽然新的《监理合同示范文本》已经在2012年颁行，但在监理合同的履行过程中一些新问题也不断涌现出来，诸如监理单位未建立系统的监理合同管理体系、阴阳监理合同屡禁不止、监理合同履约率不高、企业缺乏专业监理合同管理人员、企业监理合同管理信息化程度不高等。监理行业协会可以在总结监理实践经验的基础上，提出完善监理示范文本的建议。[34]

因每个建设工程的监理都是个案，都有其独特的个性，[35]故而监理合同示范文本中的专用条款在一定程度上讲更加重要。监理行业协会应当指导监理企业在专用条款中约定清楚监理范围、监理酬金、委托人和监理人权利义务、违约责任、争议解决，并不断总结出订立专用条款的相关指导性意见，以供监理单位参考。

### 八、制定《监理法》以完善我国的监理法律规范系统

我国目前已经出台了《建筑法》、《工程建设监理规定》、《工程监理企业资质管理规定》、《房屋建筑工程施工旁站监理管理办法》、《建设监理工程师注册管理办法》等一系列法律法规，但却没有一部专门用来规范监理行业和监理合同问题的系统全面的《监理

法》。而且随着监理行业的逐步发展完善，有些监理法律法规的规定已经明显滞后于当下的监理工作实践，应当在充分调查研究的基础上，尽快出台《监理法》以促使监理合同订立、履行、管理逐渐走向法治化，使一切改革都于法有据[36]，这无疑是搞好建设工程监理，防范监理合同风险的最大前提与保障。

参考文献

1 何佰洲编著．工程建设法规教程．中国建筑工业出版社，2009．161．
2 何佰洲编著．工程建设法规教程．中国建筑工业出版社，2009．164．
3 王利明著．合同法分则研究（上卷）．中国人民大学出版社，2012．616-619．
4 王秉乾著．英国建设工程合同概论．对外经济贸易大学出版社，2010．6-7．
5 见：中华人民共和国注册监理工程师管理规定第三条．
6 王家远，邹涛著．工程监理的法律责任与风险管理．中国建筑工业出版社，2009．7．
7 王家远，邹涛著．工程监理的法律责任与风险管理．中国建筑工业出版社，2009．3．
8 唐飞凤．地铁地下车站土建工程委托监理合同风险分析与防范.城市轨道交通研究，2009(8)．
9 姜军，张晓霞．我国建设监理法律制度存在的问题及其完善．北京建筑工程学院学报，2004(1)．
10 杨俊杰．略论建设监理与国际接轨．中国监理．2002(5)．
11 建筑工程质量管理中违法行为的法律责任有三类，即民事责任、行政责任和刑事责任，参见黄文铮：建筑工程质量管理的法律责任问题．工程质量，2001(10)．
12 林琦．监理工程师的责任风险分析及防范．厦门科技，2005(04)．
13 住建部副部长：五主体对工程质量终身负责．新华网，http://news.xinhuanet.com/politics/2014-09/05/c_126958877.htm，2014年9月8日访问．
14 毛颖．监理工程师在建设项目中的权利及任务．吉林省经济管理干部学院学报，2011(1)．
15 谢光华，袁乐平．论国有工程建设监理的独立性——以监理人权利与责任平衡为视角．社会科学战线，2012(12)．
16 王家远，申立银．监理违约责任的归责原则研究．基建优化，2001(5)．
17 胡峰，李慧．强化监理委托合同中的监理人违约责任之目的与方法．基建优化，2000(6)．
18 王家远，邹涛著．工程监理的法律责任与风险管理．中国建筑工业出版社，2009．20．
19 刘芳．企业在签定、履行合同过程中的法律风险防范．法制与社会，2009(7)．
20 王家远，邹涛著．工程监理的法律责任与风险管理．中国建筑工业出版社，2009．12．
21 王家远，邹涛著．工程监理的法律责任与风险管理．中国建筑工业出版社，2009．111．
22 李宝龙．国外监理责任保险对我国的启示．建筑经济．2011(10)．
23 卢翔.论我国责任保险的发展.保险研究，2002(11)．
24 盛秀平.我国首份监理责任保险在上海诞生.建设监理，2002(4)．
25 李宝龙．国外监理责任保险对我国的启示．建筑经济．2011(10)．
26 王家远，王宏涛．监理职业责任保险制度基本框架研究．华中科技大学学报（城市科学版）．2004(2)．
27 王家远，邹涛著．工程监理的法律责任与风险管理．中国建筑工业出版社，2009.114．
28 参见：国务院办公厅关于加快推进行业协会商会改革和发展的若干意见（国办发〔2007〕36号）．
29 黄苇町．深化改革要摆脱既得利益集团的掣肘．同舟共进，2010(10)．
30 简政放权减少行政审批事项．东南快报，2013-11-18．
31 姜军，张晓霞．我国建设监理法律制度存在的问题及其完善．北京建筑工程学院学报，2004(1)．
32 李宗新．浅谈建设监理企业的诚信．建设监理．2002(3)．
33 刘瑞华．从《设备监理合同(示范文本)》看监理责任与风险．设备监理，2011(01)．
34 新修订的《建设工程监理合同》(示范文本)发布．工程建设，2012(03)．
35 王宾赂．工程建设项目施工中安全监理的控制研究．合肥工业大学2007年硕士论文．
36 人大解读"改革必须于法有据"：需修法的可先修改，先立后破，2014-03-02 08:12:48．来源：东方早报(上海)．

# 水电工程风险与安全管理的理性思考

中国建设监理协会水电建设监理分会　陈东平

水电工程风险与安全管理是我们始终无法回避的，必须认真对待和迎战的重要课题。本文结合本职工作实践，浅谈对水电风险与安全管理的感想。

## 一、水电发展与风险

让我们从风险管理的角度，回顾一下我国水电发展历程，我们会深刻体会到发展与风险是如此的形影不离。从十一届三中全会开始，我国水电便紧紧跟随国家经济体制改的步伐，开启了水电建设管理体制改革与发展的历程。20世纪80年代初，随着国家以经济建设为中心方针的实施，我国水电便开始了在计划经济条件下打破大锅饭体制的尝试，首先在吉林的白山和红石水电站实施工程概算总承包的改革，在生产力层面有效推进了水电管理水平的提升；

1982年随着国家对外开放政策的实施，我国水电开始以鲁布革水电站建设为试点，尝试引进世界银行贷款，解决国内水电建设资金不足问题，同时也必然地引入了国际通行的市场经济的建设管理体制与模式。毫无疑问，这与当时我国长期实行的计划经济条件下的水电建设体制产生严重的冲击，当时被称作鲁布革的冲击，引发了我国水电建设体制改革的深入思考。十一届三中全会确立了以经济建设为中心的方针，鲁布革改革的方向毋庸置疑，但是如何能够把握好改革风险，在生产关系层面突破体制障碍，推动水电建设管理体制改革逐步由计划向市场的转轨，是摆在当时决策者面前的巨大挑战。实践已经证明，我国水电通过鲁布革试点，成功把握时局，促进了国家计划投资体制的拨改贷改革，并在全国建筑业率先实行了建设体

制的改革，推动了在当时计划经济条件下的水电建设的业主责任制、招标承包制和建设监理制（时称水电三制）的建立，在初级阶段实现水电建设体制的国际接轨，呈现出现代企业制度雏形，在生产关系层面拉开了我国水电建设体制改革的序幕。改革使我国水电在国家经济体制变革大潮中获取了难得的发展机遇。从1984年到1994年的十年间，在新的投资模式和建设体制下，成功推动了五座以上百万千瓦级的大型水电站的开工建设，跨越式地促进了我国大型水电的发展。1994年国家明确推进市场经济制度发展，公司法出台，我国水电开始建立真正意义上的现代企业制度，建立和完善了水电在市场经济条件下的新三制（项目法人责任制、招标承包制和建设监理制），从此，我国水电建设体制改革实现了由计划经济向市场经济的

转轨。

国家经济体制的改革与开放，推动着各项事业的发展，我国水电建设顺应国家改革发展大局，正确处理好风险与发展的辩证关系，一步一个脚印地推动水电深化改革，有力促进了各阶段水电生产力的发展。从东北的红石白山，到以广蓄、漫湾等为代表的"五朵金花"，从三峡，到后来以龙滩、小湾等为代表的"五大一小"，以及目前各大流域全面的水电开发，我国水电从小到大，迎来了一个又一个春天。20世纪80年代初，我国水电装机容量约1000万千瓦左右，至2013年底，我国水电装机已达2.8亿千瓦。

无论是在生产关系或生产力层面，发展与风险依存关系案例不胜枚举，我国水电发展正是在研究和破解一个又一个风险的过程中走过来的，也正是在各类风险的应对中不断坚实着发展的步伐。我国水电发展的实践，不断证实着没有矛盾就没有发展的真理，这也正是我们对风险与安全管理理性思考的基础。

## 二、风险管理的理性思考

发展与风险是矛盾的对立统一体。正确处理发展与风险的关系，科学应对和防范风险、提高发展成效是风险研究努力的目标。

风险具有天然存在与被动诱发的属性，具有广义与狭义的相对概念。风险是可能的广义安全事件发生的预见，是建立在自然法则（客观）与以往经验（主观）基础上的总结。

相对于安全管理来说，风险管理具有理论性与战略性属性。

### 1. 风险属性分类

风险可以通过不同的分析与管理视角进行分类，例如客观与主观，内部与外部，时间与空间、宏观与微观等等，分类依逻辑关系相互容纳，相辅相成，可以根据分析问题的入手点不同选择分类。清晰分类，可有效实现风险分析的理性思考。

针对水电发展特点，试做如下风险分类分析。一类是外部风险，具有来自自然与社会的客观属性；一类是内部风险，具有来自人类思想与活动的主观属性。

外部风险具有客观属性，相关于自然规律与社会发展环境（客观风险）。针对水电的特殊性主要体现在自然环境、社会环境、民族文化、技术条件，以及内政外交等诸多外部因素上。外部风险的控制具有被动性属性。

内部风险具有主观属性，来自人类水电开发对大自然的直接挑战（主观风险）。内部与外部风险密切相关，自然与社会的外部条件的复杂程度，直接关系到人类活动所诱发风险的程度。内部风险的控制具有主动性属性。

风险可以通过科学规避、发展方式的调整与转变（被动应对），以及通过一切可能的技术与策略（主动应对）等方式方法去实现控制预期（技术手段）。风险也可以通过统筹的概念，以保险的形式予以适当转移（经济手段）。

### 2. 风险管理的思考

风险管理是一项复杂的系统工程。对于不同行业，风险的可能危害程度和类型将不尽相同，IT行业和煤炭行业对

风险的定义可能完全不同。在水电建设工程中，枢纽总布置、边坡与基坑、大坝与厂房、安装与运行、高空与地面、春夏与秋冬等，风险全方位对水电发展提出挑战。这些都需要清晰分类和定义我们面对的风险类型与属性，运用科学规范的方法和理念，统筹分析和管控具有明显时空特性的水电系统风险，实现风险管理重点突出，提高风险的系统防范效果。

风险管控是多目标优化的过程。风险与发展、风险与机遇、风险与效益都是矛盾的对立统一体，没有矛盾就没有进步，没有风险就没有发展。单一的风险规避不是科学的风险管理，我们做了一些对电厂运行毫无作用的围堰（广义风险），但是我们获得了保证电厂运行必须的大坝（系统效益）。风险管理通过可控风险的优化配置，获取系统可能的最大利益。

随着社会与科技的不断发展，风险管理必将向着规范化、标准化和信息化的科学方向不断发展，必将更加有效地为我们管控系统风险提供强有力的武器。

## 三、安全管理的理性思考

风险与安全管理存在内在的辩证关系。风险可以描述为安全事件发生的概率，我们不妨把风险管理与安全管理理解为理论与实践的侧重关系。

风险管理的目的可以理解为合理设置一个安全事件发生的概率，使得系统总体利益最大化；安全管理的目的是设法有效降低出现安全事件的概率，并设法将安全事件造成的直接损失降至最

低；风险管理最终结果是优化出一个合适的安全事件概率，安全管理的终极结果是安全事件零概率。风险管理与安全管理相辅相成，是理论指导实践，再由实践修正理论，如此往复与提高的认识过程，是在认识论基础上建立起来的相关关系。

相对于风险管理来说，安全管理具有实践性与战术性属性。

### 1. 安全管理的思考

以基本建设管理为例，安全、质量、进度和造价是基本建设的四大控制，其中安全是四大控制的基础，安全不仅具有技术属性，更具有社会与政治属性。安全可以通过经济合同的方式承包管理，但是安全管理的责任不能"以包代管"。雇凶杀人法律必究，安全事故行政追究，这些都取决于安全管理的特有属性。广义地看，质量、进度和造价在特定条件下都可能转化为安全问题，因此，在基本建设管理中，安全管理具有名副其实的基础性地位。

安全管理的技术方面（动手能力），主要工作有专业培训和完善的安全措施等。强调一种辩证的安全管理理念：亡羊补牢，越补越牢。丢了羊虽然很伤心（坏事），但是它促进了补牢，这样就减少了再丢羊的风险（好事），如此往复，羊会越丢越少，牢会越补越牢。一般往往把"亡羊补牢"看成马后炮，是贬义词，但是在安全管理上，"亡羊补牢"是善于总结教训的褒义词。安全措施的不断完善，一定是建立在以往经验教训的基础上。

安全管理的行政方面（动嘴能力），主要工作是宣传和教育，警钟长鸣（天天讲、月月讲、年年讲）。也强调一种辩证的安全管理理念：警钟长鸣，不能避免一次偶然事故，但是可以有效降低出现一次偶然事故的概率。所以，安全工作必须警钟长鸣。

### 2. 水电工程的安全管理

水电工程建设风险具有明显的时空特性，水电建设安全管理是一项复杂的系统工程，需要在时间与空间上，全方位分类和分析可能和重大危险源，针对危险属性，制定和布置安全措施与事故预案。水电开发具有的必然与大自然打交道的特殊属性，决定了水电重大危险源存在的客观性，安全管理如履薄冰、如临深渊。

水电工程事故影响往往具有重要的社会与政治属性，因此，我国在水电的建设过程中，依阶段实施以政府为主导的质量监督和大坝安全鉴定工作，特别是大坝安全鉴定，体现了大中型水电站特殊的社会安全属性。

随着市场经济的不断发展与完善，安全管理不断推进，向制度化、规范化、标准化等法制化管理目标发展，从企业管理办法到行业规范，再到国家标准，法制化进程有效提高了安全管理的科学化水平，克服了由于主要依赖于管理者自身素质高低的人治化管理的诸多弊端，有效降低安全事件发生概率。法制化管理具有相对固定性、肯定性属性，而人治化管理具有随意性、随机性属性。两者之间存在辩证关系，法制化规范了人治化管理，提高了人治化管理的综合水平；反过来，人治化又可以理解为在管理中不断汲取教训与总结经验的过程，继而进一步推进法制化建设，

两者相互依存与促进。简而言之，没有人治化管理就没有发展（实践），没有法制化建设就没有科学（理论）。归根结底，提高人的素质与管理水平是安全管理的根本目的。因此，积极推动法制化与制度化建设是有效提高管理者科学管理水平的有力武器。

在现代化发展进程中，信息化越来越成为科学化发展的基础。信息化能够推动科学化的稳定发展，其中具有迅速的信息反馈机制是推动正确决策的重要保证之一。安全管理系统受制于若干外部环境，风险不易预测与控制，系统具有相当的不稳定性，具有非肯定的随机属性。如果能够建立一个具有（负）反馈机制的稳定风险管控体系，就有可能把安全问题经常处理于萌芽之中。实际上，在我们日常的风险安全管理中，无论是主动的和被动的，都在自觉不自觉地形成负反馈的管理实际，关键是建立一种机制，形成一种理念，建立一套科学分析方法，这样就会有更多的主动和自觉行为，系统的安全性就会得到有效提高。而这些都必须建立在海量信息和高度科学化管理的基础之上，信息技术的不断发达为管理者提供了科学决策的有力武器。

在大中型水电的风险与安全管理中，客观理性的思考，科学系统的分析，制度与信息化的建设，可以帮助我们有效提升管理成效，事半功倍。

## 四、安全事故与启示

安全事故多为偶发性的事件，事先极难预见，只能预防，且缺乏针对性。

但安全事件发生后，就比较容易发现诸多可能直接或间接导致事故的原因，就比较容易作出一些切实可行的针对性预防和避免事故的假设，但是可以肯定，事故之前的现实与事故之后的假设总是存在差距，这就提供了事故发生的充要条件，导致了事故发生的必然性。

亡羊补牢，暴露了主要矛盾，使安全治理措施具有针对性与有效性，同时也必然提高对未来安全事件预测与防范的质量与水平。事件如果能促使我们进一步认识到风险与安全管理的重要性，脚踏实地开展针对性的科学研究，不断加强规范化与标准化管理，努力缩小安全管理现实与假设的差距，事故的教训才能真正转化为有用的经验，牢才能越补越牢。

1975年8月强烈降雨引发超标准洪水，致使河南板桥等水库垮坝，造成重大人员和财产损失。75.8事件给我们的警醒不仅仅在于事故灾难本身的损失如何惨重，更在于我们如何从灾难中认识到大坝设计与技术问题本身可能带来的更加长久的风险。灾难不是简单的偶发事件，事物发展的内在规律就是通过一次又一次超越人类感知范围和能力的事件展示出来，大自然通过偶发事件来展示事物的内在发展规律。75.8事件毫无疑问诱发了业界对水电站大坝安全的内在规律思索。事件反映出来的问题是多方面的，比如气象与水情预报问题，建坝材料与施工问题，大坝运行与管理问题，大坝设计与技术问题，灾难预警与防范问题，等等。后来我国在水库大坝设计标准中增加了可能最大洪水(PMF)的概念，作为水库大坝设计的校核标准，在诸多问题中抓纲带目，从源头上直接推升了我国水库大坝的安全水平。75.8事件最终推动了国家水库大坝洪水设计标准的调整，体现了人们在经历灾难后，对自然风险的认知能力的不断提高，标准的调整也体现了国家对水库大坝的社会安全属性的高度重视与负责。

1993年8月27日，位于青海省海南州共和县境内的沟后水库垮坝，下游恰卜恰镇遭受严重灾难。事故简而概之，水库长期超高水位运行，致使面板坝顶部漏水渗入坝体，坝体填筑施工质量不佳使反滤失效，导致坝体水位提高，当出现溃坝迹象时，溢洪道闸门失灵，电话也打不通，人力报警不及，灾难发生。值得注意的是，从发现溃坝迹象到溃坝间隔了一个半小时左右。事故分析可以看出，沟后水库事故是一起典型系统性过失造成的，其中任何一个关键环节控制好了，都会大大减轻事故损害，比如电话是畅通的，就可以具有应该是足够的时间撤离人员，等等。沟后水库的事故教训，直接推动了国家建立水电站大坝安全鉴定工作机制，可以极其有效地防止水电站大坝的系统性过失问题，是确保大坝安全的重要制度措施。

以上是两个具有重要典型意义的案例，75.8事件促使国家大坝防洪设计标准的调整，沟后事件推动建立政府层面的国家大坝安全管理体系。同时也印证一个哲理，我们在与自然和社会打交道的过程中，一定是经过挫折而聪明起来的，但是我们继续遇到挫折的风险永远存在，而且只有这样，我们才会越来越聪明和理性。

事物只有在矛盾中才能得以发展，没有矛盾就没有发展，风险永存，发展永续。

# 浅谈监理在工业项目创优中的作用

北京五环国际工程管理有限公司　陈跃权

摘　要　本文针对国家优质工程"鲁班奖"的要求，从监理机构的角度阐述如何实现工程创优，叙述了监理项目部如何为创优进行创优策划、提高和拓展质量验收标准，帮助施工单位克服质量通病，鼓励施工单位技术创新，协调参建单位关系，为创优工程项目营造良好氛围。

关键词　监理　工程创优

安徽芜湖卷烟厂制丝工房项目属大型工业厂房，占地面积51740 m²，总建筑面积为74695m²，于2011年6月15日开工，2013年5月25日交付使用。施工过程中，该工程即被评为省、市级建筑施工安全质量标准示范工地；竣工后，该工程又荣获2013年度芜湖市优质工程、安徽省建筑工程"黄山杯"奖以及2014年度全国建筑工程装饰奖，并申报了2014年度国家级优质工程鲁班奖。本人为该工程的总监理工程师，经历了项目建设全过程，并且参与了所有创优工作。现结合自身监理实践，参照鲁班奖"高于国家验收规范标准，遵守国家标准强条，克服质量通病，工程质量精细，设计优秀，使用功能完善"的

要求，谈一谈监理工程师在工程创优中所发挥的积极作用与辛勤付出，与大家共勉。

## 一、选择优秀的施工队伍是工程创优的首要条件

随着建筑业项目管理体制改革的推进，目前初步形成了以施工总承包为龙头、以专业分包为骨干的组织结构形式。专业分包施工队伍的整体综合素质成了影响工程质量的关键因素之一，因此，监理项目部非常重视对分包施工队伍的选择。

近年来，钢网架以其能够很好地解决建筑物对大跨度、高层高的特殊要

求而被广泛采用。作为创优工程，监理项目部一直很重视制丝工房钢网架工程（制丝工房钢网架面积31104m²）的质量控制。

协助业主做好钢网架分包队伍的选择是监理的重要工作之一。在考察确定网架安装承包单位时，监理不只看被考察单位的资质、施工技术标准以及质量管理体系，更重要的是考察其服务意识、核心技术支持以及对工程创优的认识。监理项目部综合各方面情况后，建议业主选择由浙江大学作为技术支持的一家网架安装公司，最后被业主采纳。从网架安装全过程来看，这家公司确实在工程进度和质量管理方面表现出了良好的素质和技术能力。如：安装过程

中，由于进度安排的需要，个别区域网架必须提前安装，也就是说要改变原定安装顺序，这对网架安装至关重要，可能会因此改变个别杆件的受力性质（如设计受拉杆件变成受压杆件），从而使网架个别杆件受损，甚至出现更严重的后果。为此，网架安装公司邀请浙江大学网架专家教授，通过现场实地考察，按照实际工况计算，调整并制定合理的安装方案，最后既满足了业主的要求，同时也保证了网架工程质量，得到了业主和有关部门的好评。可见，选择一家技术能力优秀的专业安装单位是质量、进度、安全保证的前提，也是工程创优的首要条件。

## 二、提高和细化质量标准是创优质工程的关键

为了实现工程评优的质量目标，监理工程师分专业认真熟悉设计图纸、技术资料，以及操作规程和质量验收标准，并将各专业分项工程施工（或安装）允许偏差汇总，同时结合施工单位内部企业标准，制定了本工程高于国家验收规范要求的工程验收标准，并据此编写了《监理规划》和21份专业《监理实施细则》，对质量控制的依据和检查的内容、方法和数量都有针对性地作出了规定，力求通过监理人员的监督检查和事前控制，使工程质量达到精细优良的水准。

制丝工房钢网架工程采用高空散装法安装的钢网架是由杆件与螺栓球组装成小拼单元，从小拼单元逐步拼接成结构单元体、网架单元条体、区段网格，最后拼接成整体网架，这种工序质量控制的重点是安装的精确度，而安装作业面高、架设仪器位置受到诸多限制等不利因素，又给控制安装精度造成了极大的难度。为此，监理项目部按照之前编制的《网架工程监理细则》中检查的内容、方法、数量和允许偏差进行网架质量控制，如安排测量监理工程师对网架安装精度进行全过程测量控制。第一，钢网架安装前，监理工程师对柱网轴线以及柱顶标高进行了复核，确保了支座定位纵、横轴线尺寸和支座标高误差控制在允许范围内，从基本上控制了网架安装的几何尺寸精度。第二，安装过程中，控制网架下弦杆尺寸是控制整体网架的关键，因为网架支座设置在网架下弦周边球节点上。当由下弦杆、腹杆以及上弦杆组装单元条体时，监理针对下弦杆复核其跨度尺寸，控制误差在±2mm以内。当两个柱距的网架安装完成后，监理工程师对上下弦杆的轴线偏差进行再次复核，偏差较大的要求安装单位重新调整网格尺寸，以确保网架纵、横轴线满足设计要求。只有待网格尺寸调整合格后，才能允许安装公司重新拧紧杆件高强度螺栓（以前只是初拧），并将支座与混凝土柱顶埋件焊接固定。正是由于监理工程师对网架工程的高标准要求和过程控制，才确保了钢网架整体平顺、螺栓球与杆件连接紧固、安装精确、下弦杆挠度符合设计要求，给网架下吊件设备管道安装创造了有利条件（设计挠度为5cm，屋面板及

钢格栅吊杆上的设备管线安装完成后实测挠度值为3.8cm），成为工程的亮点之一，监理工程师的精细化管理，为工程实现创优目标发挥了重要作用。

制丝工房生产线车间为大面积混凝土地面，监理细化验收标准很有必要。根据现有国家验收标准规定整浇地面采用2m靠尺控制平整度在5mm以内，但此方法不能确保大面积内平整度满足业主对工程的要求，而且规范没有就大面积混凝土地面平整度的极差作出明确限定。为此，监理根据设备精度的要求，在编制监理实施细则和审核施工方案时，将2m靠尺控制平整度在3mm以内以及车间整体混凝土地面平整度控制在15mm，作为施工控制标准。并建议施工单位在常规螺杆支撑、螺栓调节角钢高度来控制平整度的基础上（初平），再采用美国先进的激光平整机施工（精平）。监理提出的质量控制方法和允许偏差要求被施工单位采纳，验收时经检测，整体地面平整度高低差为12mm，用2m靠尺检测平整度在2mm以内，机械设备安装完全达到无垫片安装。整个制丝工房机械设备节约8500个钢垫片，共节约资金10.2万元。正是这种高标准、严要求，既保证了工程质量，又创造了一定的经济效益，充分体现了工程创优的理念。

### 三、严格执行国家建筑工程强制性条文是创优工程的基本要求

工程建设标准强制性条文是规范工程建设全过程中质量、安全行为的强制性技术规定，是参与工程建设活动各方执行工程建设标准的重点，也是政府对工程建设执法的依据。鲁班奖也是将工程建设标准强制性条文作为评定准绳之一。监理项目

部将监督和执行工程建设标准强制性条文作为重要监理职责之一。

根据以往经验，施工单位易轻视程序性、管理性"强条"。如施工单位不进行自检，直接报监理工程师验收，属违反"工程质量的验收均应在施工单位自行检查评定的基础上进行"的"强条"内容。针对这种程序上、管理上违反"强条"规定的现象，监理项目部首先对照招投标书、施工合同的要求，核查施工单位实际质量保证体系，分析找出原因，要求施工方完善质量保证体系。

设计上的"强条"也是监理必须严格执行的。制丝工房附属办公区公共通道吊顶内机电管线安装过程中，尽量使管线最紧凑也不能保证吊顶最低标高大于2.1米的"强条"规定。在协调会上，监理工程师提出将空调冷凝管由集中导出改分段导出，最后被现场设计人员认可，有效地提高了公共通道净空。又如制丝工房由于工艺的需要，许多防火分区墙上开设了加工原料运输带通过的洞口。而设计往往只考虑运输带上部的防火问题（设防火卷帘，但防火卷帘受运输架的阻挡，不能到底），监理认为运输带下部如果不采用有效封堵，防火分区将不能起到有效防火分隔的作用，属违反"强条"，于是请求设计人员作好相应设计变更。

由于监理工程师对强制性条文的重视以及对参建单位的相关督促，工程无论是专项验收、竣工验收，还是进行优质工程评选，无一项违反工程建设强制性标准，有效地保证了工程质量和安全，也使工程的各项使用功能得到完善。

### 四、预防质量通病是创优工程的基本前提

工程质量通病虽然大多不影响结构

安全，但影响到业主的正常使用，也直接影响到工程创优。为此，项目监理部先期召开了内部专题会议，列出本工程易发生的质量通病21条，并针对质量通病进行分析讨论，制定应对防治技术措施，做好监理预控，同时在审核施工单位提交工程质量通病防治方案时，提出有指导性的合理化建议。在施工过程中，我们坚持定期召开工程例会，协调和解决质量通病防治过程中出现的问题；监督参加施工单位针对质量通病防治进行的技术交底、学习和培训；针对个别质量通病以样板引路；监理人员加强跟踪监理和旁站监理。从而，我们将质量通病控制工作贯穿于整个施工的始终。

裂缝和渗漏是芜湖地区目前最流行的工程质量通病。

制丝工房水泥整体地面面积大，投产后小型车辆使用频繁，如地面出现裂缝，不仅影响整体观感，而且影响正常使用，这就对施工技术提出了很高的要求。如何消除混凝土施工期间以及使用期间混凝土内产生的应力对结构的不利影响，成了解决地面裂缝的关键。为此，监理、施工单位以及商品混凝土供货商的技术负责人进行了多次的协商和研究。监理工程师根据经验认为采用常规技术措施来消灭裂缝还不完全可靠（如分隔跳仓法施工等），还必须采用在混凝土内掺入添加剂方法，来防止或减少混凝土开裂。经过相关技术和试验确定添加剂掺量（膨胀剂UEA按1立方混凝土掺25kg；抗裂纤维1立方混凝土掺0.6kg），达到防止混凝土裂缝的目的。到目前为止两年来，地面未出现一条裂缝。

制丝工房屋面一般面积较大，设备基础及突出屋面构筑物有400余个，防渗漏一直是监理所关注的重点之一。该屋面采用TPO（背衬型热塑性聚烯烃）防水卷材，这种卷材搭接采用的是热气

焊，焊接温度约在450~550℃。每次施工过程中，焊接的温度（速度一般是步行速度）受环境温度、风力、卷材温度所决定。为此，每次正式施工前，土建监理工程师参与施工单位先设定一个温度，待温度稳定后进行试焊，并亲自进行拉扯试验，以确定最佳的焊接温度。雨水口周围是屋面防水的薄弱环节，监理工程师对TPO裁圈－压橡胶垫圈－固定雨水斗－打密封胶进行全程旁站监理。通过监理的过程控制，保证了屋面投入使用两年来无一处渗漏，有效地控制了屋面渗漏的通病。

## 五、建立顺畅的对内对外沟通渠道是工程创优的保障

总监理工程师处在工程对内对外协调线路的关键点上，建立起通畅的协调沟通渠道对工程的顺利进行至关重要。由于工业项目涉及的分包较多，除常规的机电安装公司外还有工艺特殊分包安装公司，如防异味安装公司、除尘安装公司、二氧化碳生产线安装公司等。为了使各种指令、反馈信息经过总监传达到工程现场，使整个工程组织管理体系能高效运转，监理项目部要求所有分包单位必须派专业技术人员参加工程监理例会和相关专题会议。

制丝工房钢网架与钢格栅之间的空间内综合管线较复杂，共有14个系统。格栅内空间有限（一般只有2.5~3.5m的净空）、系统管线多，给施工带来了很大的难度。加之各专业设计人员和各专业施工安装公司各自为政，缺乏统一协调，缺乏空间合理分配，施工中难免会造成管线布置方面的冲突，如得不到有效解决，必定为日后维修带来相当大的困难，同时也存在着安全隐患。监理项目部利用同类项目的监理经验，承担了现场总协调的工作，组织相关机电专业技术人员召开协调会，针对一些有代表性和管线较多的空间，结合各专业设计图纸，运用目前先进的三维模拟BIM技术，进行管线模拟排布，实现了机电专业综合支吊架设置与管线关系的可视性，克服了二维图纸局限性，从而提升了施工管理的综合网络化管理能力，也更好地实现"四节－环保"绿色施工，推动工程管理技术的升级。同时，对管道少的空间，各专业安装公司协商施工作业先后顺序，对潜在的问题，提前发现，监理从中协调解决，使各专业管线综合布置力求在相对有限的空间里更科

学、合理、美观。

消防系统的安装和联动调试历来是项目监理工作的重点之一，也是业主所特别关注的重点，因为这项工作的好坏直接关系到工程能否顺利通过消防验收和竣工备案。制丝工房由A1区（制丝生产）、A2区（片烟高架库）、A3区（设备用房）、A4区（生产、生活办公）四部分组成，体量大、结构复杂、功能多，导致该工程消防系统庞大、涉及专业多、分包队伍多，因而协调工作量很大。

在单系统调试和联动调试阶段，监理工程师发挥了重要的协调作用。①调试前，敦促业主按期保证自来水和正式电到位。②成立由各专业分包项目负责人组成的消防联动调试工作领导小组，由消防专业监理工程师任组长，编制消防联动调试方案，附有详细的调试计划，对分工、配合及各系统调试完成时间都有明确要求。③单系统调试时，消防专业监理工程师以调试人员的身份参与进去，掌握第一手资料。各单系统调试完成后，督促要求各专业分包完成并移交各单系统调试结果及接口书面说明资料。④无论是单系统调试，还是消防系统联动调试，都建议业主相关安保人员参与，便于消防系统运行时的操作和维护。⑤敦促消防自动报警分包尽快完成消防中控室图形显示系统设计、安装和调试，以备消防正式验收时使用。⑥整个消防联动调试工作可能持续数天，消防专业监理工程师督促各相关单位派人配合，及时修复各子系统故障，详细记录调试情况。调试工作结束后，督促调试人员尽快完成调试报告，主要是系统试运行记录。

另外，监理还建议业主采取适当的激励、奖惩方式，最大限度地挖掘参建各方的潜力，积极配合创优。创优工程会产生费用，监理在业主和施工单位之

就必须依靠增加科技含量来提高工程质量，监理单位同样如此。芜湖烟厂制丝工房地面积较大，东西长为320.50m，南北长为227.00m，加之该工程属"脱壳式"建设，工程东半部分主体完成后，工程西半部分才具备开工条件，这给工程测量放线带来了很大的难度，传统方法很难保证测量放线的准确度，对此，监理建议施工单位利用GPS精密定位技术和全站仪坐标法放样技术（GPS精密定位技术主要针对解决因"脱壳式"原因一些控制网点无法通视所造成的障碍），施工单位采纳，从而提高了施工测量的技术水平，保证了测量数据的准确可靠，保证了网架支座安装位置准确度，最终保证了整体工程的质量。

鲁班奖是在优中选优，只有不断的创新才能得到评委、专家的认可。监理工程师借鉴往年创优项目的亮点，结合制丝工房的实际情况，还建议施工单位创造性地设计了一些既美观又实用，功能相结合的精巧的小构件，从而提升了工程的建筑艺术。如屋面排气孔、排气口不锈钢保护罩，精心设计，做工考究，安装规范，美观大方，标识清晰，既起安全保护作用，又不影响排气功能。又如出屋面风道构筑物等，设计造型别致，四坡排水，贴面砖颜色搭配得体，嵌缝规范，远看像小别墅；再如横跨屋面伸缩缝处设计有江南特点的圆拱形桥，即防止践踏防水盖板，又便于人员通过，集人性化和观感于一体，很有韵味；等等，这些小构思也为创优工程增色不少。

要创建一项优质工程，首先要施工单位重视和投入，这是工程创优的关键，监理单位在工程创优过程中所做的工作是精心护航，特别是它的监督管理、综合协调、献计献策，这些对创优目标的实现同样起到了重要的作用。

间搭起桥梁，对施工单位提出的合理费用诉求，监理总要根据施工合同和招标文件向业主提出建议，对施工单位的付出给予适当的补偿，形成良性互动。如施工单位为了工程创优，将屋面管道支架由原设计的角钢更换成不锈钢方钢的费用分摊。

通过监理的综合协调，以致四方合力、步调一致，为实现创优目标发挥了重要作用。

## 六、安全生产为创优工程提供保障

监理安全管理不仅仅基于"创优工程安全生产一票否决"，而且要对社会和人民的生命、财产负责，树立监理工程师的责任感和使命感。项目监理部积极履行监督施工单位安全生产管理的监理职责，配备了专职安全监理人员，加强对施工组织设计和专项施工方案中涉及安全技术措施的审核，督促施工单位安全保证体系发挥作用，加强对现场安全事故隐患的排查，对危险性较大的分部分项工程，监理部派安全专员重点旁站，发现问题及时处理，防止和避免安

全事故的发生。

出于设备安装高度以及产品储存的需要，本项目部分区域采用设计净空较高（净空达10m以上）的钢筋混凝土框架结构。这类工房顶板模板属高支模，由于这些构件的体积、自重比较大，浇注难度也相应加大，属危险性较大的分部分项工程，是监理安全管理的重点内容。首先监理加强对高支模专项施工方案的审查，尤其是对方案中计算书的审查；然后，结合专项方案和相关技术规范对现场高支模支撑架体的实体进行严格检查。如有偏差，要求施工单位立即整改，使高支模的安全得到了控制。

由于监理单位的有效管理，加之参建单位的配合，该工程自始至终无一例安全事故，被评为省、市级建筑施工安全质量标准示范工地，为工程创优奠定了基础。

## 七、新技术的应用和不断创新在评优中的作用不可小觑

当前的建筑市场竞争激烈，要想开拓市场站稳脚跟，谋求更大的发展，

# 共创鲁班奖
## ——魏都国际酒店工程监理工作的体会

山西华太工程管理咨询有限公司 陆瑶同

由山西华太工程管理咨询有限公司监理的魏都国际酒店，荣获2012～2013年度中国建设工程鲁班奖荣誉，这是公司1996年成立以来第一次荣登国家"鲁班奖"之峰，感到无上光荣和自豪。回顾共创鲁班奖的经验，再一次证明，机会属于有准备的人们。企业只要咬紧目标，肯下功夫，强化管理，夯实基础，坚持始终，排除万难，亦可梦想成真。下面介绍我们是如何做好魏都国际酒店工程监理工作。

## 一、工程概况和特点

### （一）工程概况

1.工程名称：大同市迎宾西路综合服务楼（竣工后改名为魏都国际酒店）。

2.建筑功能：集会议、培训、餐饮、住宿、健身为一体的酒店建筑，按五星级宾馆要求建筑。

3.建筑概述

（1）工程面积40645m²，由主楼和裙楼组成。主楼：地下2层，地上23层，建筑总高度95.85m；裙楼地下2层，地上7层，建筑高度40.1m，工程总投资1.56亿元。

（2）地基基础及主体结构：主楼采用钢筋混凝土灌注桩＋锚索、土钉墙支护体系及CFG桩复合地基，裙楼为天然地基；基础为筏板基础；主体结构类型：框架剪力墙结构，部分钢结构。

（3）外墙采用石材—玻璃组合幕墙形式。

（4）室内精装修：地面、墙面、顶棚皆为精装修。

2010年4月10日开工；2012年8月20日竣工；2012年8月30日备案。

### （二）工程技术难点

（1）深基坑复杂地质条件复杂环境下施工：该工程基坑开挖深度12.7m，地处繁华路段，基坑东、北两面为城市主干道，周边环境复杂，通过采用钢筋混凝土灌注桩＋锚索、土钉墙支护体系，确保了基坑、周边道路及建筑物的安全。

（2）裙楼七层多功能厅6.7m高钢承重网架屋盖，上部安装冷却塔（上弦恒载标准值4kN/m²，活载标准值2kN/m²），下部安装吊顶及屏风（下弦恒载标准值0.5kN/m²），采用高空拼装、单元滑移施工工艺，解决了高大空间结构承重要求与装饰需要。

（3）八层设有室内恒温泳池，防水效果要求高，且泳池水温保持恒温控制难度大。通过采用两层SBS防水卷材＋防水砂浆、地暖供热、幕墙保温、软膜天花造型吊顶等多项工艺，有效地解决了泳池空间防水、恒温、采光、防霉、防积露等难题。

（4）竖向管道高95.05m，管井内空间狭小，操作难度大，焊接质量不易控制。通过采用"管道固定位焊接倒装法"施工工艺，既减少了焊缝数量（焊缝间距达6m），又提高了焊接质量及工效。

（5）机电管线种类多达23种，标高控制严格，通过运用建筑信息模型技术，对管线进行综合布置，有效解决了管线纵横交错碰撞点多、空间狭小的施工难题。

（6）装修工程另有特色要求标准高、数量大。

## （三）成功经验

本工程成功采用了建筑业10项新技术，解决了施工的难点，如：

1. 地基基础和地下空间采用高边坡防护技术—预应力锚索和钻孔灌注桩组合基坑支护、水泥粉煤灰碎石桩（CFG）复合地基技术解决基坑支护和地基处理；

2. 采用混凝土裂缝防治技术解决基础筏板、后浇带的裂缝问题；

3. 基础及主体结构采用高强钢筋（HRB400）的应用技术和大直径钢筋机械连接的应用技术；

4. 模板及脚手架应用清水混凝土模板技术；

5. 钢结构采用大型钢结构滑移安装施工技术解决大宴会厅屋面钢屋架；

6. 推广绿色施工技术，施工过程水回收应用技术、外墙自保温体系施工技术—加气混凝土砌块、预拌砂浆技术；

7. 推广防水技术，聚乙烯丙纶防水卷材与非固化型防水粘结料复合防水施工技术、聚氨酯防水涂料施工技术、遇水膨胀止水胶施工技术解决基础、卫生间及室内游泳池防漏问题等。

## 二、做好策划协调和强化管理 三方齐心协力共创"鲁班奖"

建设单位、监理单位和施工单位一进场首先围绕建设目标进行了多次酝酿和讨论，大家一致认为该工程位于市中心，三方分析有利和不利各方面因素，明确了该工程有条件夺取"鲁班奖"，特别是甲方有意愿，施工单位和监理单位积极性高，为此经三方多次会议决定齐心协力共创"鲁班奖"。

1. 三方明确由各方提出"创优策划"。确定了高于国家标准的控制指标和控制措施，从严控制建筑材料及各分项工程的质量目标。

2. 制定监理规划，落实监理责任。监理根据施工单位的创优策划，按照监理合同，和三方共同制定的共创"鲁班奖"的建设目标和设计文件，总监立即组织编制了监理规划，结合本工程实际特点，及时编写了监理实施细则，并在工程开工前按照《工程建设监理规范》要求及有关监理规定程序，三方及时召开了第一次工地例会。进行了比较详细具体的书面监理工作交底，要求监理人员贯彻"监理承诺"，组织监理人员在监理过程中严格履行监理合同和承诺，并严格按照《建筑法》及有关监理规定进行监理操作，明确每名监理人员的责任、权利和义务，为共创"鲁班奖"奠定监理基础。

3. 审查"创优策划"等方案。监于工程地质条件复杂，又紧挨市中心主要道路交汇处，施工安全和干扰因素多，要求目标又高，为此，监理认真审查了施工单位编制的"创优策划"和《施工组织设计》及《专项施工方案》共39项。并且按此要求认真监控，确保实施，为保证工程安全和质量奠定了基础。

4. 贯彻以人为本的思想。施工队伍的素质是工程安全、质量的根本保证，监理首先配合施工单位狠抓了组织机构的建设、人员的素质、人员配备，及对施工队的工长及主要工种带头人素质进行实地考察，坚持持证上岗使队伍的建设得到了落实。

5. 管理始终处于受控状态。按照公司"安全至上，质量第一"的方针，监理狠抓了本身的和施工单位的各项管理制度，使施工单位完善了岗位责任制、三检制、样板引路制、会议制等，使各方项目管理始终处于受控状态。保证了工程施工的安全与质量。本工程10个分部工程157个分项1914个检验批全部一次验收合格，在施工安装工程阶段四个分部63个分项637个检验批全部一次验收合格，保证了工程使用后的正常运行。

6. 积极支持施工单位采用推广新技术。该工程成功应用了10项新技术中10个大项、21个小项的新技术解决了许多施工难点，监理积极支持密切配合，保证了工程的进度和质量。

7. 狠抓了分包单位的监控和协调。在施工进入复杂阶段（分部分项工程多、施工作业队伍多），监理狠抓了分包单位的监控和协调，有力地保证了工期和各分部分项工作的工程质量和工作的有序进行。特别装修工程新材料多种多样，对质量和装修效果要求高，为此，监理加强力量，做到精心细致，按高标准、严要求进行监控，保证了装修工程的整体效果。消防工程影响着整个工程的使用安全和效果，监理严格进行要求，保证使用效果。

8. 监理进行目标管理严格检查。监理人员以热情饱满的服务态度积极配合施工的需要，急施工所急，积极帮助施工单位解决施工中的问题，狠抓事前、事中和事后的严格监控，特别是进行目标管理的严格检查，以"鲁班奖"的高标准不厌其烦地轮回检查，发现问题及时纠正，确保了一次验收合格。

## 三、"监理承诺"是每个监理人员的行动纲领

在整个监理过程中，十分重视监理人员的日常培训和严格要求，考核和加大培训力度，要求每个项目部和每个人都按分公司对业主的十句话四十个字的承诺做事："爱岗敬业、崇尚信誉；严格监理、热情服务；安全至上，质量第一；精诚协作、共创佳绩；让您放心、保您满意"。分公司也以此作为对每个项目部和每个人进行考核的标准。

1. 人人爱岗敬业。这是分公司对监理人员的起码要求，也是公司选择监理人员的首要标准，只有这样才能做到"严格监理，热情服务"，在本工程中，监理人员为满足施工需要，实行了弹性工作时间，根据需要安排了全天候工作。监理人员做到了对自己负责的工程从控制通病开始到验收完全合格才松口气。他们的工作和"华太"监理联系在一起，人人的工作都为了"华太"的声誉和生存发展，使华太在监理市场中享有很好的声誉，促进了公司的发展，

他们也就为我是"华太人"感到自豪。

2. 严格监理、热情服务。分公司要求项目部进场，首要的任务就是"严格监理、热情服务"，在建设和施工单位中树立良好的监理形象，在此基础上，建立一个目标一致、共同携手、相互支持，三方精诚合作，共创"鲁班奖"的和谐团队，使各项工作能顺利开展，这是共创"鲁班奖"的关键。

为了共同的目标走到一起的建设、施工、监理三方只有齐心协力才能实现共同的目标，但由于不同的利益关系，经常会遇到各种矛盾，为此，监理的协调十分重要。我们提出了"相互理解，相互尊重，相互沟通，相互支持"的十六字方针，得到了建设和施工单位的支持，因此，施工中的很多问题得到解决，建立了和谐的建设环境。

3. 我们的最大承诺是建设一个高标准的优质工程。为此，安全和质量是我们对建设方的最主要的承诺。为此我们要求项目部及每个监理人员必须将"安全至上，质量第一"作为项目部及监理人员的行动纲领，搞好"三控两管一协调"是监理的中心任务，也是本工程共创"鲁班奖"的根本途径。

多年来的实践证明，我们对建设和施工单位的承诺受到了各方的欢迎和支持，我们也做到"让您放心、让您满意"，实现了我们的承诺。

## 四、搞好"三控两管一协调"是夺取鲁班奖的根本

### （一）严格工程质量的控制

1. 首先严格控制工程材料的质量，大宗材料，如钢筋、混凝土、装修材料，三方共同考察、选择厂家，其他材

料执行严格的送抽检制度。

2. 在本工程监理过程中，监理人员严格按照合同、监理规范及施工规范规程实施严格的监督管理，积极配合业主和施工单位的工作，及时进行工程质量的监督、检查、跟踪控制，监理人员不畏辛苦做到了四勤，"勤跑、勤检、勤讲、勤督促"，并及时与施工单位进行沟通，确保工程质量。

3. 为了保证工程的质量，我们对施工单位一方面进行严格监理另一方面，对他们进行热情服务。对于施工单位技术薄弱的部分，监理人员针对工程每一道工序进行仔细的检查核对，帮助他们积极解决存在的问题。因而，在工程建设中未发生过重大质量问题或事故。

4. 做好对工程的事前、事中、事后的控制工作，严把关、严要求。

（1）做好事前预控工作

以人为本，认真审查施工单位的组织机构人员配备，检查其上岗证，并对主要工种带头人进行实地考察，保证人员的质量和数量。

要求施工单位现场管理人员认真熟悉图纸，在此基础上要求施工单位搞好各分项工程技术交底。

要求施工单位管理人员进行跟踪预检查、监理再检查以便能够及时发现问题，把工程施工质量问题消灭在萌芽状态。

认真审核施工方施工组织设计和各项专项施工方案及作业指导书，根据以往监理工作经验及结合当地实际工程施工情况，提出多项合理化建议均被采纳。

对于用于本工程的原材料、半成品及预制构件的外观质量进行检查，均在监理单位和建设单位的见证下进行抽样送检，

合格后填写工程材料进场验收单。

（2）加强事中巡视检查

在工程施工过程中，监理人员加大现场巡视频率，并加强了工程施工中的旁站，发现问题后及时沟通，必要时以监理工程师通知单或监理工作联系单形式下发给施工单位进行整改，并督促其落实。既保证了工程施工质量，也为施工单位减少了返工次数，得到了施工单位及建设单位的认可。

（3）不放松事后验收、分户检查验收

为保证工程进度，也为了减少质量问题，监理人员实行了以保证工程需要的弹性工作时间，保证施工顺利进行。

在施工单位自检合格的基础上，要求施工单位正确填写自检记录表及检验批、分项、分部工程报验申请表。验收时认真检查施工过程中监理人员提出的工程施工质量问题。通过事前、事中、事后控制相结合，与采取现场巡视检查、旁站监督等措施，现场及时纠正和解决处理了大量的施工质量问题，消除了质量隐患，确保了工程质量。监理狠抓了竣工初验，对每个分层分系统检查出的问题进行一次全面整改直到合格后才进行竣工验收。

（4）采取了严格的冬季施工措施，确保工程质量

在气温低的情况下，施工采取了冬季施工措施，对正在施工的部位进行彩条布围护并增加火炉取暖，24小时测温，确保主体工程当年完工。

（5）认真处理工程变更情况

由于工程原设计满足不了使用功能，监理会同施工单位、甲方、设计院对结构进行变更，对于修改后功能达不到要求的，提出合理化建议，确保工程使用功能完善。

（6）工程质量检查结果

本工程十个分部工程157个分项1914个检验批全部一次验收合格。

**（二）工程进度的控制**

在本工程监理过程中，按照合同及有关文件约定的目标工期控制工程进度。设计增加主楼高度，以及冬季施工难度大的因素，导致出现工期进度偏差。项目监理部及时采取充实监理力量，与施工单位、建设单位一同协商制定调整工程进度实施方案，及时召开现场工程例会、下达监理通知单等多项措施，根据工程实际情况随时调整工程进度控制方案。

**（三）工程投资控制**

（1）在本工程监理过程中，监理人员严格按照合同及有关工程量的变更文件，通过对工程实体的工程量的计量由总监审批工程款支付申请证书。

（2）工程索赔方面，监理工作中注重事前、事中控制，及时进行变更签证，并按照施工合同及程序提前协助建设单位办理建设单位应做的工作，在整个过程中，发生了部分施工单位向建设单位进行人员窝工索赔事件，监理人员对索赔事项及款项仔细审查，实现了投资控制和合同管理目标。

**（四）工程安全的管理**

监理人员定期（每周、节假日、变换季节）对施工现场进行安全大检查，并形成检查记录，对施工机械设备及安全用电等进行专项预控检查，督促施工方做好机械设备的维修、保养工作，避免机械事故的出现，以确保工程正常施工。针对不符合安全要求及存在安全隐患的施工项目部，监理人员及时下达书面通知书令其整改。现场监理部不定期

召开安全专题会，并组织施工单位管理人员认真学习《建设工程安全生产管理条例》。始终把安全工作放在工作的第一位。在施工过程中，监理人员设专人检查安全隐患或存在的问题，做到安全问题早发现、及时解决，从开工至竣工未出现安全事故。

通过建设、施工、监理三方咬定目标不放松，顽强拼搏共创鲁班奖，使魏都国际酒店工程取得了五项荣誉：

1.获山西省建筑安全标准化工地

2.获山西省建筑业新技术应用示范工程

3.获山西省建筑工程质量最高奖——汾水杯

4.获中国安装之星

5.获中国2012～2013建设工程鲁班奖（国家优质工程）

我们要不骄不躁，适应市场需求，不断深化内部改革，强化企业管理，拓展监理业务，提高队伍素质，追求精细化管理，增强企业实力，再接再厉，乘势而上，再创佳绩，在山西转型跨越大发展中再立新功。

魏都国际酒店

# 监理公文编写中的常识性错误与分析

山东恒建工程监理咨询有限公司　王国太

一名合格的监理人员应具备多项能力，包括专业知识能力、管理协调能力、应急处置能力、风险防控能力、学习更快能力、心理知识能力、思想工作能力、法律知识能力和公文写作能力等等。其中，监理公文写作是监理人员最基本、最常用、最应该掌握的一项技能。因为，在日常监理工作中，大量的工作都是围绕着监理公文来开展的，都是靠监理公文上传下达、贯彻落实的。实践中，往往很多监理人员并不具备这项能力，不能正确理解建设相关各方的关系，不能正确选用公文文种，不能准确起草文件、传达意图，这给监理工作也带来了许多不必要的麻烦。

监理公文是指在监理工作过程中，由监理工程师起草的、使用监理机构或监理单位红头文件打印的、因履行监理职能向相关各方表达监理主要意图的、较为正式的、具有特定效力和规范体式的文书。监理公文是监理档案资料不可或缺的一部分，它记录了监理的关键过程、点滴细节。监理公文的准确性和文件质量代表的是监理工作的公正性、严肃性和权威性，代表的是监理机构的工作质量，代表的是监理单位的整体实力，所以监理人员要重视并掌握这项技能。笔者结合从事的工作岗位，接触到了许多不准确、不严谨的监理公文，今从党政机关公文写作和监理工作的双重角度，谈谈自己的观点和看法，仅供监理同仁参考。

## 一、监理与相关各方之间的关系

很多监理人员、甚至包括工作多年的总监理工程师选错监理公文文种、编印的监理公文不准确，多数是因为没有掌握监理与相关各方之间的关系。

什么是建设工程监理？国家标准《建设工程监理规范》（GB/T50319-2013）中作出了明确规定：工程监理单位受建设单位委托，根据法律法规、工程建设标准、勘察设计文件及合同，在施工阶段对建设工程质量、进度、造价进行控制，对合同、信息进行管理，对工程建设相关方的关系进行协调，并履行建设工程安全生产管理法定职责的服务活动。同时指出了监理单位应公平、独立、诚信、科学地开展监理工作。

从以上定义我们可以理解出：

1.工程监理的性质是服务性、科学性、独立性和公正性。

2.监理工作的前提是接受建设单位的委托，双方订立委托监理合同，合同是监理工作开展的依据之一。所以监理单位与建设单位之间是一种委托与被委托的合同约束关系。

建设单位通过授权招标代理机构，通过发布监理招标公告、资格预审、开标、评标、确定中标候选人等一系列程序，最终选定社会上独立的监理单位，代表建设单位对施工现场进行监督管理。按照国家现行政策，建设单位投资

建设的工程项目，与建设单位有直接隶属关系的监理单位是应该回避、不能参加投标的。所以，严格意义来讲，监理单位与建设单位之间是无隶属关系的。

3.监理单位和施工单位（承建单位）之间并无合同关系，也不存在隶属关系，是一种监理与被监理的关系。

4.建设单位和施工单位（承建单位）之间存在合同约束关系。严格意义来讲，也不能存在隶属关系。建设单位与施工单位（承建单位）之间与建设工程施工合同有关的联系活动应通过监理单位进行。

5.监理单位与勘察、设计单位间的关系是协作关系，并无合同关系。严格意义来讲，也不能存在隶属关系。

6.监理单位与安全、质量监督机构是监督与被监督的关系。安全质量监督机构代表的是建设主管部门，监理单位应接受其监督。

## 二、监理中常用错的几种公文文种辨析

通过工地检查和调研，笔者发现了监理单位、监理机构编印了很多不准确的公文，也包括部分建设单位下发的公文，直接影响了建设监理执业行为的严肃性。究其原因，主要有以下两点：

1.建设单位人员不了解国家党政公文条例及标准格式。建设单位在组建项目办时往往是从各省、市、县交通建设

主管部门临时抽调业务骨干。这些人熟悉土木工程专业知识，但并不了解、熟悉党政机关公文条例及格式，平时由于职业原因很少起草公文。这类人在此方面存在着知识"盲区"，有可能在公文往来过程中选用了错误的文种，编印了错误的公文，有些建设单位甚至要求监理单位也按所要求的公文编印格式上报材料。

2.监理单位、监理机构往往忽视对监理人员进行公文知识方面的培训。很多监理单位、监理机构只看重专业技术培训、职业道德培训，忽视了对监理人员其他方面的培训，导致很多监理人员不想起草文件、不会起草文件、勉强起草的文件问题多多等。

2012年4月16日，中共中央办公厅和国务院办公厅联合印发了《党政机关公文处理工作条例》(以下简称新《条例》)，并于2012年7月1日起执行。其中，新《条例》规定了决议、决定、命令、公报、公告、通告、意见、通知、通报、报告、请示、批复、议案、函、纪要等15种公文文种。我们较常用的是通知、报告、请示、函、通报、纪要等6种文种。下面，笔者对几种常用错的公文文种进行简要辨析。

1."通知"。新《条例》定义为："适用于发布、传达要求下级机关执行和有关单位周知或者执行的事项，批转、转发公文"。可以看出，"通知"类公文通常是下行文或平行文，是指示、要求下级机关要办的事情。只有在转发平行关系单位的文件时，才是平行文。严格来讲，由于监理单位与建设单位、施工单位之间不能存在隶属关系，所以监理单位与建设单位、施工单位之间公文往来中，一般不应出现"通知"

类公文。目前有些工程项目中存在着两级监理机构模式，总监办与某一驻地办有可能出自同一监理单位，为统一起见，总监办与所辖驻地办之间公文往来最好也不要出现"通知"类公文。监理机构部署工作、下达要求时，可用"监理工作提示"、"监理工作指令"或其他专业术语名词等。国标《建设工程监理规范》（GB/T50319-2013）附表中的"监理工程师通知单"的叫法，笔者认为是不准确、不严谨、不科学的，希望在再版修订中能够引起重视。工作中常见到的错误有："关于约见××监理公司法人代表的通知"、"关于启用××总监办公章的通知"等。

需引起注意的是，对于召开第一次工地会议，新版《建设工程监理规范》规定："工程项目开工前，监理人员应参加由建设单位主持召开的第一次工地会议。"建设单位编印会议文件时，使用"函"较为准确，即"关于召开第一次工地会议的函"，函告相关各方有关会议事项。行业标准《公路工程施工监理规范》中规定，应由总监理工程师主持召开第一次工地会议。总监办也应函告各方有关会议事项。

2."报告"与"请示"。两者都是上行文，是用于向上级机关汇报工作、反映情况、请求指示批准某一事项，和上级机关有着直接的隶属关系。所以，监理单位、监理机构与建设单位之间往来的公文，一般不出现"报告"与"请示"文种。工作中常见到的错误有："关于支付延期监理费的请示"、"关于组建××总监办的报告"、"关于任命××总监理工程师的报告"等。

3."函"。新《条例》定义为："适用于不相隶属机关之间商洽工作、

询问和答复问题、请求批准和答复审批事项"。"函"类公文使用的前提是"不相隶属"。既然不相隶属，可以上行、平行、下行，所以"函"使用较为灵活、普遍。"函"可以分为"商洽函"、"问答函"、"请批函"、"告知函"四大类。需要强调的是，"不相隶属"包括两层意思：一是同一组织系统内的同层级机构，如市财政局与市教育局；企业内各部门之间，如工程管理部与经营投标部。二是不属于同一组织系统，如市人民政府与省人民政府办公厅、市环保局与××大学。所以，监理单位、监理机构与建设单位、施工单位之间一般多用"函"来传递公文、表达意图。更需要注意的是，即使是向建设单位请求批准某一事项也应用"函"，建设单位回复应用"复函"。如变更总监理工程师的函、同意变更总监理工程师的复函等。

此外，监理协会、监理单位和监理工程师还要注意，新版国家《党政机关公文处理工作条例》已经取消了公文"主题词"，以后编印监理公文不需要再写主题词了。

## 三、监理工作中常见"函"类公文典型用法举例

### 1.商洽函

商洽函在监理工作中，常用于向建设单位商量或处理有关事项时使用。在公路交通建设项目中，规定总监理工程师主持召开第一次会议，应将有关会议事项会前告知建设单位。为表尊重，总监办可向建设单位发商请函，就有关会议事项达成一致意见。

示例1：

关于商请第一次工地会议有关事项

的函

××项目建设办公室：

目前，项目监理规划及实施细则已编制完成，工程正式施工前的各项准备工作已经就绪，总监办拟定了会议时间、地点、内容及其他事项（附后）。如无不妥，请转告。

盼复。

### 2.告知函

告知函，也叫通报函，就是将监理工作中的某一活动、事项、情况告知对方，并不要求对方回复。实际上这类函与知照性通知类似，由于没有隶属关系，所以用"通知"不妥。常见的有：关于启用公章的函、关于组建监理机构的函、关于约见法人代表的函等。

示例2：

关于组建××第二总监办的函

××项目建设办公室：

我单位于×年×月×日与贵单位签订了委托工程监理合同，按照监理规范与监理合同有关要求，我单位决定组建××第二总监理工程办公室，并任命×××担任第二总监办总监理工程师。进场监理人员名单与分工附后，办公、生活用房及办公、生活设施，交通、通信设施及测量仪器等到位情况附后。

从组建之日起，立即开展监理工作，并协助贵单位完成施工准备阶段有关的征地、拆迁、勘察等有关工作。

特此函告

新版《建设工程监理规范》中规定：监理单位在建设工程监理合同签订后，应及时将项目监理机构的组织形式、人员构成及对总监理工程师的任命书面通知建设单位。其实，"书面通知"一词

此处不妥，建议修改为"函告"一词更为准确。

示例3：

关于约见××监理公司法人代表的函

××监理公司：

由贵单位中标组建的××驻地监理工程师办公室，经我方多次检查发现，监理人员员投入不足，作风漂浮，纪律涣散，不能认真履行监理职责，致使工程多处出现质量问题，进度严重滞后。我方多次要求催促整改，但截至目前问题依然存在。为此，我方约请××监理公司法人代表，于×年×月×日×时到见×处报到，就有关问题做出承诺。在规定时间内未按本函执行的，我方将采取措施严肃处理。

特此函告。

### 3.请批函

请批函是监理单位向建设单位请求批准有关某一事项的函。因为监理单位与建设单位不相隶属，所以不能用"请示"文种。

常见的有：关于变更总监理工程师的函，关于支付延期监理费的函等。

示例4：

关于变更××总监理工程师的函

××项目建设办公室：

受贵方委托，我公司对××实施监理。因总监理工程师×××工作调动，为加强现场管理，协调各方关系，做好监理工作，经我公司研究决定，现将此项目总监理工程师×××变更为×××同志，由×××同志在此项工程中履行总监理工程师职责，相关证件附后。

请贵方予以支持，盼复。

与此"函"对应的"复函"如下：

关于同意变更××总监理工程师的复函

根据××工程变更制度的有关要求，由××监理公司负责监理的××，原总监×××因工作调动，变更为×××为此项目总监理工程师。

经审核，符合变更条件，同意变更，变更后的总监在该工程竣工验收前，不得在其他项目任职。

示例5：

关于支付××监理费的函

××项目建设办公室：

我公司接受贵方委托监理的××工程。在监理过程中，我公司严格履行监理职责，认真控制工程质量、进度，公正科学，廉洁自律，确保了工程如期顺利交工。按照监理合同约定，贵方应支付剩余的监理费用：××××。

我方开户银行××××；账号：××××。

请批准，盼复。

附件：××委托监理合同

## 四、结语

综上所述，监理与相关各方沟通联系时，编发"函"类公文较为科学、严谨、准确，希望能够引起监理人员的重视并进行改正。监理工作过程中来往的大量公文，体现的是监理单位、监理机构的公正性、权威性，监理人员应通盘考虑，仔细思考，谨慎把握，选对文种，编对公文。监理单位今后要重视对监理人员公文写作知识的培训，及时掌握新的公文条例格式，努力提高监理人员自身素质，加快实现监理人员的职业化进程。

# 浅议工程项目管理模式与取费方式

京兴国际工程管理有限公司　李明安　龚仁燕

摘　要　主要叙述了开展工程项目管理的模式与取费方式。

关键词　项目管理模式 取费

自2003年以来，建设行政主管部门出台了一系列推动、发展和规范项目管理的指导意见和办法，鼓励工程监理单位积极开展工程项目管理业务。工程监理单位响应号召，在做好工程监理业务的同时，积极探索和实践工程项目管理业务。京兴国际工程管理有限公司通过多年工程项目管理的探索与实践，积累了一定的经验，取得了较好的经济效益，现结合公司开展项目管理业务的情况，就工程项目管理模式与取费方式，与同行作一交流，以共同促进工程项目管理业务的开展。

## 一、工程监理与项目管理的关系

1988年，我国在工程建设领域开始实施建设工程监理制度，目的是要改变陈旧的工程建设管理模式，建立专业化、社会化的咨询服务机构，协助建设单位做好建设工程的管理工作，以提高工程建设水平和投资效益。工程监理制的初衷就是要建立拥有一批既懂工程技术又懂经济管理人士的专业咨询服务机构，实施包括工程建设决策阶段和实施阶段在内的全过程工程项目管理服务。

工程监理经过26年的发展历程，取得了显著成绩。尤其对实现建设工程质量、进度、造价目标控制、合同管理以及安全生产管理发挥了重要作用。但是，工程监理发展过程与初衷的定位发生了变化，值得指出的是，目前工程监理与项目管理在任务委托、服务范围、工作侧重点等方面有一定的区别，主要表现为几点。一是任务委托不同。工程监理是一种强制实施的制度，即属于国家规定强制实施监理的工程，建设单位必须委托工程监理，况且法律法规赋予了工程监理更多的社会责任，特别是建设工程安全生产管理的责任。而项目管理服务则属于建设单位自愿委托，当建设单位的人力资源有限、专业技术不能满足工程建设管理需求时，才会委托工程管理单位协助其实施项目管理。二是服务范围不同，目前工程监理只局限在施工阶段。而项目管理服务可以覆盖项目决策、设计、采购、施工管理和试运行的全过程。三是工作侧重点不同。工程监理的中心任务是目标控制，目前大部分监理单位的工作主要集中在工程质量控制和安全生产管理方面。而项目管理在项目决策阶段、设计阶段为建设单位提供专业化的咨询管理服务，更能体现项目前期策划、设计的重要性，更有利于实现工程项目的全寿命期管理。因此，对于大型工程建设项目，或建设单位的人力资源、专业技术不能满足工程建设管理需求时，实施工程项目管理是很有必要的。

目前，部分建设单位在工程建设中已采用了项目管理模式，如典型项目上海中心、湖北武当山太极湖生态文化旅游区工程等。这些项目的实施，一是反映了工程建设领域对项目管理有一定的市场需求，二是为开展工程项目管理服务积累了一定的实践经验。相信随着我国市场经济的不断完善和投资体制改革的不断深化，专业化、社会化的工程项目管理模式会越来越受到社会的广泛认识和采用。

## 二、工程项目管理的模式

目前，我国工程项目管理模式主要归纳为以下几种：

### 1. 建设单位自行管理模式

建设单位自行管理是指由建设单位依靠自身力量进行工程项目管理，即自行设立项目管理机构，并将项目管理任务交由该机构承担的组织形式。在过去计划经济时期，建设单位通常是组建一个临时的基建办、筹建处或指挥部等自行管理工程项目建设，经常是"项目开了搭班子，项目完了散摊子"，"只有一次教训，没有二次经验"。这种管理模式已经不能适应当前的工程项目建设。采用建设单位自行管理模式，前提条件是要求建设单位拥有相对稳定的、专业化的项目管理团队和较为丰富的项

目管理经验。否则，建设单位可委托专业化的、社会化的项目管理单位来承担项目管理工作。

### 2. 建设单位委托管理模式

近年来，由于社会分工体系的进一步细化，以及工程项目建设规模、技术含量不断增大，工程项目管理对高质量专业化管理的要求也越来越迫切，委托专业化的项目管理单位进行项目管理已成为一种趋势。目前建设单位委托管理模式分为以下两种形式：

（1）项目管理服务（PM）模式。PM模式是指从事项目管理的单位受建设单位委托，按照合同约定，代表建设单位对工程项目实施全过程或阶段管理服务。

这种管理模式属于咨询型管理服务，也就是说，建设单位不设立专业的项目管理机构，只派出管理代表负责项目的决策、资金筹措、财务管理和监督检查等工作，将工程项目的组织实施工作委托给项目管理单位进行。这种模式建设单位是项目建设管理的主导者，重大事项的决策仍由建设单位掌握。而项目管理单位要按委托合同的约定承担相应的管理责任，并得到相对固定的服务费。在违约情况下以管理费为基数承担相应的经济赔偿责任。这种模式可以充分发挥项目管理单位的专业技能、经验和管理优势，但在建设单位与各类承包商之间增加了管理层，不利于提高沟通质量，项目管理单位的职责不易明确。

在我国工程项目建设中，一些建设单位根据项目管理单位具备的资质和能力，也有将工程监理委托给该项目管

理单位一并承担的，即该项目管理单位除承担项目管理工作外，也承担工程监理。目前，我国建设主管部门提倡和鼓励建设单位将工程监理业务委托给该项目的项目管理单位，实行项目管理与工程监理一体化模式。这种模式，可减少工程项目实施过程中的管理层次和工作界面，节约部分管理资源，达到资源最优化配置。

（2）项目管理承包（PMC）模式。PMC模式是由建设单位通过招标方式选择具有相应资质、专业技能和经验丰富的项目管理承包单位，作为建设单位代表或建设单位的延伸，对工程项目建设的全过程或阶段进行管理。属于代理型项目管理服务。

一般情况下，PMC管理单位不参与具体工程设计、施工，而将项目的设计、施工任务发包出去，PMC管理单位与各承包商签订承包合同。

PMC模式下，建设单位与PMC管理单位签订项目管理承包合同，PMC管理单位对建设单位负责。PMC模式可充分发挥项目管理承包单位在项目管理方面的专业技能，有利于减少设计变更，缩短建设工期。其缺点是，由于建设单位与施工承包商没有合同关系，加之我国工程保险业务还没有展开，对建设单位存在很大风险，因此，PMC模式在我国工程建设领域中还是一个新的管理模式，目前实施的项目还不多，只在国内大型合资项目中有所应用。

### 3. 一体化项目管理团队（IPMT）模式

IPMT模式是指建设单位和专业化的项目管理单位分别派出人员组成项目管

理团队，合并办公，共同负责工程项目的管理工作。这种模式既能充分发挥项目管理单位在工程建设方面的经验，又能体现建设单位的决策权。IPMT管理模式是融合了PM模式和PMC模式的特点而派生出的一种新型的项目建设管理模式。

事实上，在我国工程项目建设过程中，建设单位很难做到将全部工程建设管理权限委托给项目管理单位，况且建设单位通常都设有较小的项目管理机构，但管理机构往往不具有承担相应项目管理的经验和能力，可又无意解散自己的机构，这种情况下，建设单位可选择一家具有工程项目管理经验和能力的项目管理单位，建设单位与项目管理单位共同组成项目管理团队，起到优势互补、人力资源优化配置的效果。

采用IPMT模式，建设单位既可对工程项目的实施过程不失决策权，又可较充分利用项目管理单位的人才优势和管理技术，在项目管理中，建设单位把工程建设管理工作交给经验丰富的管理单位，自己可把主要精力放在项目决策、资金筹措上，这有利于决策指挥的科学性。IPMT管理模式，正是由于建设单位拥有项目建设管理的主动权，对项目建设过程中的质量情况了如指掌，加之双方人员共同工作，可减少双方的工作沟通环节，使项目管理工作效率大幅度提高。IPMT管理模式又可避免建设单位因项目建设需要而引进大量建设人才和工程建设完成后重新安排这些人员的问题。但采用这种管理模式的最大问题是，两个管理团队可能具有不同的企业文化、工资体系，人员的融合存在风险，双方各自的管理责任也很难划分清楚，同时还存在项目管理单位派出人员中的优秀人才被建设单位高薪聘走的风险。

多年来，公司承接并完成了多个工程项目的管理，大都采取IPMT管理模式，管理效果良好，并积累了一定的实践经验，取得了较好的经济效益。如公司承接并完成的湖北武当山太极湖生态文化旅游区工程项目管理，就是典型的IPMT管理模式。公司通过工程项目管理服务，又延伸了服务范围，承担了施工阶段的工程监理。实现了项目管理与工程监理一体化服务，减少了公司在工程项目实施过程中的管理层次和工作界面，节约部分管理资源，达到了资源最优化配置。公司在总结多年的工程项目管理实践经验的基础上，还编著了《工程项目管理理论与实务》一书，为开展工程项目管理提供了可靠的理论依据和技术支持，从而提高了项目的执行能力和管理水平。

## 三、项目管理取费方式

目前，工程项目管理取费无明确标准，项目管理取费只能实行市场调节价。通过公司多年工程项目管理的探索与实践，对国内项目管理取费方式主要归纳为以下几种形式：

1. 按项目投资概算额的一定比例，采取插入法计取项目管理服务费，通常情况下，取项目投资概算额的2%～5%。取费应根据建设项目性质、规模、服务范围与内容，由项目管理单位与建设单位进行协商。

2. 按工程监理收费标准取费并乘系数，即通常取工程监理收费标准的1.2～2倍。

3. 按配备管理人员计费，通常按年人均30万～40万元取费。即根据项目不同阶段所包含工作量和需要投入的时间、人力，按人工日费用标准（分高级顾问、高级职称、中级职称、初级及以下职称），同时考虑公司管理成本、税收和公司应得的利润等进行计费，且按月支付。

公司在湖北武当山太极湖生态文化旅游区工程中采用了人月计费方法，项目管理人员经建设单位认可后，根据工程进度计划的要求增减人员，按照实际工作人月数付费，有效地避免了因工程投资额无法准确预测而带来的不可预见工作量增加和管理风险。

## 四、结束语

多年来，我们在开展工程项目管理业务的探索与实践中，虽然做了一些工作，积累了一些实践经验，但也遇到一些困难。一是缺少高素质的、具有大型工程项目管理能力的项目经理和熟悉工程项目管理软件，既懂技术又懂经济、会管理、善协调的复合型人才。二是工程项目管理服务的标准体系还有待健全，项目管理服务水平还有待提高。三是信息化建设还需加强，项目管理软件应用功能还需完善。四是工程项目管理服务的市场还有待进一步培育，社会认知度有待提高。

总之，工程监理单位应把握好机遇，提高自己的综合实力和管理水平，在做好工程监理业务的基础上应积极开展工程项目管理业务。相信以实力为根基，以诚信为生命，以市场为导向，就一定能开展好工程项目管理服务业务。

# 政府投资项目管理模式改革创新与实践

浙江江南工程管理股份有限公司　胡新赞　李玉洁　陈雯

**摘　要**　本文以苏州高铁园区管理委员会（政府）和浙江江南工程管理股份有限公司（企业）共同出资注册成立苏州江南建设项目管理有限公司，对管委会辖区的政府投资项目实施项目管理模式的实践为例，介绍该模式的可行性和先进性。管理"去行政化"，让专业化公司发挥专业化优势，科学策划与实施大规模投资建设，保证质量安全、成本和效率，为加快完善现代建筑业市场体系、充分发挥市场在资源配置中的决定性作用和更好发挥政府的引导作用、切实转变政府职能起到助推作用。希望这种创新的项目管理模式实践后能够在行业内予以推广，最终达到全面深化建筑业体制机制改革、促进建筑业健康协调可持续发展的目的。

**关键词**　管理模式　政府主导　市场驱动　专业化管理

党的十八大以前，国家对政府投资项目的中介服务管理模式进行了一系列改革，对非经营性政府投资项目也推行实施了由专业化的项目管理单位负责建设实施的"代建制"，以严格控制项目投资、质量和工期，但从公司参与实施的项目看，全国各地由于具体情况不同，推行的效果也有很大差异。在党的十八大精神的指导下，要转变建筑业发展方式，推进建筑产业现代化，在管理模式上，政府投资项目需要起到引领作用，政府投资项目单纯以政府为主导的管理模式或单纯以市场为主导的管理模式都不能完全适应行业发展的需要。苏州高铁新城管理委员会（以下简称"管委会"）在充分调研、考察与论证的基础上，为了避免单一"政府主导"及纯"市场驱动"这两种模式建设管理的弊端，对管理模式进行了改革创新，采取政府主导与市场驱动相结合的方式，与浙江江南工程管理股份有限公司（以下简称"浙江江南"）合资成立项目管理公司，对辖区的政府投资项目建设进行管理，有效解决了政府部门专业管理能力和经验欠缺、管理机制不够完善、专业人才不足等问题，极大地推动了苏州高铁新城现有项目管理模式的优化升级。

## 一、政府投资项目管理模式的改革与创新

传统的政府投资项目工程管理模式主要分为政府主导型与市场驱动型两大类。政府主导型是指政府相关主管部门抽调部门人员组成临时管理班子对工程建设项目进行管理。市场驱动型是指通过公开招标方式聘请专业的项目管理咨询单位来进行建设工程的管理。但是随着工程建设规模的不断扩大、实施难度不断增加、工程建设现代化程度不断提高，现有体制下，这两种模式都难以协

调一致，投资效益得不到充分发挥。

### 1. 政府主导型管理模式弊端

首先，政府通过组建临时建设班子对工程项目进行管理，项目"三超"（概算超估算、预算超概算、结算超预算）、工期延长的现象较为普遍，违规操作现象也时有发生；另外，项目在建成后其建设班子可能随即解散，项目建设中积累的经验教训不能转化为技术资源应用到其他项目或供其他项目借鉴，造成资源过度浪费。

其次，若对项目全面管理，管理机构将非常庞大。一般项目从立项到验收移交完毕，工作内容包括拆迁安置、前期手续办理、勘察设计管理、招标采购管理、合约管理、投资管理、现场施工管理、信息资料管理、后勤管理等，要把工作做到位就需要配置大量的管理人员，如果再加上领导层、决策层的中高级管理人员，组织管理机构庞大。

再次，受政府薪酬体制的制约，项目上高水平的管理和技术人员缺位明显。各专业能够独当一面、发挥作用的管理人员配置困难，势必会有一部分人不具有建设工程管理的知识和经验而应对岗位需要，他们只能在实践中摸索，满足不了建设工程项目的实际要求。

### 2. 市场驱动型管理模式弊端

聘请专业的项目管理团队来进行建设工程的管理，也会出现一些问题，因为业主和专业的项目管理公司是委托代理关系。项目管理公司作为业主的代理人，应按业主的要求进行项目管理工作，业主将项目管理的权力全部或部分授予项目管理公司，对项目管理的具体工作不宜干涉太多。在实践中却事与愿违，存在如下一些问题：

（1）责任界面不够清晰

由于刚开始时很多工作都没有深入进行，双方在签订委托合同时不可能将责任划分得很具体。在履行合同的过程中不能及时将责任矩阵细化，使一些责任处于灰色地带，多头领导和无人管理的现象经常出现。有些业主对项目管理公司授权不充分或已授权的事务又亲自干预，直接影响了管理公司的积极性，也影响了项目管理工作的质量和彼此的相互信任感。

（2）资源没有充分共享

国内的项目管理公司是由咨询、施工、设计等单位转型而来，有些方面如四大控制、计划、风险、信息等方面的管理能力会很强，也有一些方面会相对较弱。业主也有一些技术力量强的方面，但是有时候根据合同约定却不能参与进来，这样产生的效果显然不是最优，双方优势资源不能充分共享。

（3）冲突的解决不够有效

项目管理公司和业主来自不同的单位，在不同企业文化下，双方处理问题的方式、对特定问题的看法都会产生分歧，双方的立场也不一样，这些都为冲突的产生提供了土壤。冲突如果得不到很好的处理和化解，就会产生对抗的情绪，工作的成效显然就会下降。

### 3. 政府和企业合资组建项目管理公司创新模式的诞生

政府和企业合资组建项目管理公司创新模式实现机制的关键内容，就是使原来通过政府主导型和市场驱动型的服务性投入活动，转变为通过联合组建项目管理公司方式来实现。它作为一种新型的工程管理方式是产业组织垂直解体的结果，是建筑业与服务业的产业间分工深化的结果。从一般意义而言，通过联合组建工程项目管理公司可以使政府部门获得节约成本、促进管理专业化、提高经济效率并承担相应委托和转移的法律责任等收益，对政府和企业双方都是有利的组织方式，从而有利于提高社会资源配置效率。

苏州高铁新城是以京沪高铁苏州站综合交通枢纽为依托的30km²腹地的综合开发项目。高铁新城将以发展综合交通运输产业、高科技研发、高科技应用示范、商贸会展、旅游休闲、绿色城市配套产业为主体产业的综合新区。主要建设项目包括高铁大厦、五星级高档酒店、生态公园、大型会展中心、博览中心（内贸会）、中心商业街、金融服务中心、商务写字楼、商务快捷酒店、酒店式公寓及商住两用配套住宅等。

随着新城建设的不断推进，新开工的项目越来越多，规划编制、对外服务及行政审批等工作也日益增多。为进一步规范管理行为、提高管理质量，积极推进项目管理体制的创新，以满足工程项目的实际需求，管委会授权苏州高

铁新城国有资产经营管理有限公司和浙江江南本着"科学管理、明确责任、等价有偿、共同发展"的原则，合资成立苏州江南建设项目管理有限公司（简称"苏州江南"），共同搭建项目建设管理平台，通过市场化运作，既可以很好地解决上述问题，又完全能掌控整个工程建设，开创了双赢的新局面。

## 二、苏州江南模式的优势体现

苏州江南自2013年3月12日成立至今，相对于政府主导型和市场驱动型两种管理模式，其综合优势的体现非常明显。

### 1. 管理理念

经过10多年项目管理业务的积累，江南对项目管理的理念已经比较成熟，务实、创新、服务、高效是理念的精髓。

务实。工作开展实事求是，特别是项目策划阶段，完全不可能实现的目标，一定要实事求是地告诉项目业主，讲究科学与专业，不能为了迎合业主的喜好而不切实际。

创新。工程项目管理在国内的咨询服务行业，应该说开展得还是比较晚的，开展工作的很多方法与措施也在摸索阶段，江南虽然经历了30年的发展，应用于项目的管理手册、工作标准和作业指导书仍然不够完善，管理团队需要根据项目特点不断修改、调整、补充和完善，只有这样才能促进项目管理工作水平的不断提升。

服务。工程项目管理本身就是一项咨询服务，项目管理人员必须有充分的认识，准确定位自己的角色，才能够主动开展工作，项目业主的事情都是项目管理人员的事情，项目工作才能有效推进。

高效。项目管理高效率地开展工作是有效推进项目实施的另一项保证措施，项目管理工作牵涉项目实施的方方面面，每个项目管理人员只有及时或提前完成既定工作，才能保证相关工作的实施不受影响，进而保证整个项目的各项目标得以实现，浙江江南实施管理的沈阳奥林匹克体育中心体育场工程就是典型案例，通过项目员工的高效工作，

工期提前、投资节省、质量创优，取得了举世瞩目的成就。

苏州江南的管理团队基本来自于浙江江南，团队成员传承了浙江江南优秀的管理理念，公司成立后，短时间内即在原有管理理念的基础上开拓创新，形成了适合自己的独特的管理理念，促使项目管理的手段多种多样，公司管理水平维持在一个较高水准，具备相当的核心竞争力。

### 2. 人力资源

自我革新，在实践中不断转型升级、项目管理公司自身能力的提升等，都必须在高端专业人员配置保障下才能得以实现。项目的组织实施中，前期策划规划人员、设计优化人员、投资控制高端专业人员、采购咨询管理人员、大型工程系统建设的组织实施人员等，是保障项目顺利实施的关键。浙江江南是有着2000多名工程技术人员的大型咨询服务企业，有着丰富项目管理经验的人才众多。浙江江南全力支持苏州江南的建设发展，苏州江南成立伊始即快速组建起优秀的管理团队。团队骨干成员是长期从事项目管理或代建项目工作的人

员，彼此相互熟悉，进入角色快，缩短了团队建立后的培训、磨合，开展起工作来得心应手。

苏州江南与浙江江南人力资源基本共享，人员数量、专业搭配均可以根据工作情况进行调剂，基本避免了队伍不稳定、影响工作开展的现象。

### 3. 技术支持

为确保企业持续健康的发展，提供项目部必要的技术支持，浙江江南先后成立了测量、桩基、钢结构、幕墙、智能化、暖通等专业小组，聘请高等院校、专业协会等社会机构的专家参与，定期开展技术支持工作，参与项目技术难点及新技术的论证，提供现场专业技术指导，为项目提供设计优化建议、专业技能培训、现场技术问题专家论证等支持。此外，还先后成立了剧院工程、体育场馆、酒店、医疗卫生、项目管理等研究中心，设立研究中心负责人，制定研究中心管理办法，定期组织开展研讨活动，为公司在建项目提供现场技术指导，为公司在管的多个项目提供各类招标采购、投资成本分析，建立供专项决策分析的数据库，为业主提供前期咨询、过程决策、验收评定等。各大研究中心积极搜集各有关项目建设过程中的经验教训，及时编写论文集和案例集，在提升公司整体技术实力的同时主动服务于项目业主。

浙江江南的技术支撑亦即苏州江南的技术支撑。因此，苏州江南在工作过程中遇到的技术难题、项目建设经验与教训的需求，都能依仗浙江江南的技术力量予以解决，专业化水平得到充分展示。

### 4. 信息资源

咨询服务企业的核心竞争力除上述内容外，最关键的一点还有信息资源。浙江江南发展了30年，开展的业务包括总承包管理、工程咨询、造价咨询、工程设计、工程监理、工程项目管理、工程项目代建、招标代理等，项目数量不计其数，项目建设的经验教训弥足珍贵，项目信息的积累为在建项目提供了有利支持，可以使项目建设少走弯路、不走弯路甚至可以创造很多有利价值。苏州江南可以直接享用浙江江南信息库里的信息资源，为其项目的管理创造有利条件，在建项目能否如期、保质保量、节省投资等，信息资源的作用不可忽视。

### 5. 规范管理

管委会作为政府机构，其授权的国有企业，有其成熟、完善、先进且符合国家政策要求的管理制度、体系等，苏州江南受国有体系、制度的管理、约束，运作更加规范、更加透明，发展更加稳定、健康。

### 6. 进度推进

前期工作进展缓慢是以往政府投资项目的特点，主要原因在于政府部门决策时缺乏有力的信息和技术支持，如投资的经济指标、工期、质量标准、功能定位等，有了专业化公司提供的有效、可靠、翔实的依据后，决策速度大幅度提升，且决策的结果更加科学合理。

项目管理科学策划工期安排，有效监督计划落实情况，工程进度受控情况彻底改观。

### 7. 造价控制

没有项目管理公司参与的项目，在立项阶段，建设单位往往对项目投资、概算的审批论证不充分，存在漏项的问题比较普遍，造成批复金额与实际出入较大，使得实际建设无法推进，最终逼

迫概算调整。苏州江南介入管理后，通过组织投资测算、概算审查、资金计划编制等措施进行了完善，避免了上述现象的发生，造价控制效果明显。

项目管理加强了建设资金的管理，确保其安全和有效使用。严格执行工程款支付流程和审批程序，按照合同及现场实际工程量计量情况支付工程进度款。严格按合同执行履约保证金、质量保证金的管理。

## 三、创新模式产生的效益

在"小业主，大咨询"的整体管理思路下，苏州江南遵循"独立运作，协调配合，集中攻坚，统一管理"的原则，分设造价合约部、招标采购部、工程管理部、设计与技术管理部、经营部、综合部及财务部共7个部门，通过政府打包委托和市场化的竞争，承接高铁新城区域内以及其他区域内政府投资工程项目的管理服务工作。

自2013年3月成立苏州江南以来，公司共承接管理项目60个（其中高铁新城区域内33个，其他区域内21个），总投资约80亿。目前已完成竣工验收的项目7个，处于施工阶段项目19个，处于招标阶段项目11个，处于前期立项、方案阶段项目17个。在管项目至今未出现任何质量、

安全事故，全部处于受控状态。苏州江南借助浙江江南专业化的管理水平，大胆创新，采取科学手段进行工程项目的管理，如西公田路污水管道的竣工验收，就采用管道机器人通过图像拍摄进行全方位验收，确保工程质量无死角。

通过费率洽谈、设计文件优化、标底编制、控制变更、审核签证、材料设备询价、结算预审等专业化的管理和运作，截至2014年6月，项目累计节约资金10113万元，专业化管理水平初见成效。

## 四、工作过程遇到的困难

苏州江南自开展业务以来，取得的成效非常明显，在当地政府的支持下大部分工作进展顺利，但还有一些问题有待解决。首先，行业垄断的继续存在，如供水、供电、供气、污水排放等手续的办理和工作配合不能及时跟进；其次，政府部门间的关系不够顺畅，如土地使用性质的变更（实际使用性质要改为规划使用性质）非常困难，周期较长；再次，政府职能部门对建设项目的审批内容多、审批周期长等，造成工程实施过程中被制约的现象仍不同程度地存在。

要消除上述由于体制上的因素造成的困难，需要政府进一步简政放权，部

分垄断行业需要引入竞争机制，打破垄断，只有这样，才能还建筑行业一个清新的环境，促进建筑业的良性发展。

## 五、结语

在创新苏州江南管理模式的实践中，我们可以看出，政府除了要选择一家优秀的专业化的工程咨询服务机构来合作外，还要提供以下支持：

### 1. 合资公司市场定位

即确定好合资公司的主营范围，这需要根据双方单位的经验和资源背景、当地的自然禀赋及政府的期望、当地市场的反馈来确定。

### 2. 政策环境的搭建

在市场定位方案基本确定后，还需要进行政策环境的搭建，包括税收政策、扶持政策、人才政策等的制订，同时导入国家、省、市、区的创新政策，一般而言，合资公司应该成为当地的政策高地、成本洼地。

**参考文献**

[1] 国务院关于投资体制改革的决定（国发[2004]20号）.

[2] 住房城乡建设部关于推进建筑业发展和改革的若干意见（建市[2014]92号）

# 特高压变电站工程辅助管理制度

浙江电力建设监理有限公司　张锴　吴锋豪

摘　要　特高压变电站工程施工单位多，供货厂家多，施工人员多，施工机械多，电气设备多，工期紧，任务重，设备集中到货、集中安装周期长。要做好各施工工序、施工面、施工单位、厂家服务人员间的协调工作，只靠监理人员的努力不一定能协调到位。监理项目部可以根据工程进度和施工现场状况编制约束上述各参建单位行为的管理制度，规范特高压变电站工程各参建单位的现场行为，监理人员专注于突发状况的协调工作，这样特高压变电站工程现场协调、管理监理工作就能起到事半功倍的效果。

关键词　特高压变电站工程　协调　管理　制度

通过总结浙江电力建设监理有限公司监理的1000kV皖南特高压变电站、±800kV特高压武义换流站、1000kV浙南特高压变电站的监理经验，在特高压变电站工程建设过程中可以建立以下制度对现场施工进行管理：施工用电使用申请制度、变电站进出车辆管理制度、厂家服务人员现场管理制度、站用电使用管理制度、主控楼进出管理制度、投运过程中应急消缺制度。下面就每个制度作详细阐述。

## 一、施工用电使用申请制度

本制度主要为了规范各施工单位对现场一级、二级配电箱的使用，防止出现配电箱错接、乱接现象的发生，保证现场施工安全；厘清配电箱所有单位及使用单位职责，按照谁使用谁负责维护的原则规范现场施工用电日常保护、维修工作。本制度主要包括以下内容：

1. 监理项目部留存现场施工用电一级、二级配电箱位置及相互间的接线图，并且根据施工现场情况对一级、二级配电箱的数量、位置、接线等情况进行动态更新，保证配电箱接线图与施工现场一致。

2. 监理项目部可以根据施工用电情况向施工单位建议配电箱的增设及取消。

3. 两个及以上施工单位需要公用配电箱时，监理项目部应明确配电箱的所有方和使用方。配电箱的所有方负责该配电箱的日常管理、检查、维护工作，配电箱的使用方需要向监理项目部提交《施工用电申请表》，经监理项目部核准后告知配电箱所有方，根据该配电箱使用现状明确使用哪部分空开，该部分空开管理权限移交给使用方，最后在全站配电箱接线图上进行明确。使用方使用完毕后提交《施工用电移交单》，将该部分空开的管理权限移交给所有方。

4. 遇到施工或电气试验大负荷用电时，监理项目部负责全站施工用电使用的协调管理工作。

5. 监理项目部定期对施工用电及本

制度落实情况进行检查，对于检查中发现的问题下发工作联系单督促施工单位进行整改。

## 二、变电站进出车辆管理制度

本制度主要在电气设备集中到货、集中安装、部分建筑物浇筑混凝土等施工作业交叉严重的电气安装高峰期使用，用以梳理现场交通。通过现场各条道路的畅通保证上述各项工作的平行展开，提高现场车辆进出效率，减少设备卸货时间，增加设备安装时间，通过规范车辆进出保护现场安全文明施工成果。本制度主要包括以下内容：

1. 根据站内道路的特点制定具体车辆通行、停放方案；根据站内及站外道路状况，必要时委托业主与当地交管部门协商，在合适地点设置到货车辆临时停放处，逐一进变电站内卸货，卸货后立即驶出施工现场，禁止车辆在站内道路上随意停放。

2. 自行车、电瓶车、小轿车等与变电站现场运输、施工无关车辆禁止进入变电站内，在站外硬化一块小型停车场，要求各施工单位做到规范、有序停放。

3. 大型运输车辆凭《车辆通行证》进站，无《车辆通行证》不准进站。《车辆通行证》由监理单位统一制作管理，每个施工单位下发3～5个，由施工单位将其放置在需要进站卸货的车辆上，卸货后收回再发放给下一辆车，以此类推。施工单位发放《车辆通行证》时，向运输司机收取一定数量的押金，同时向司机及卸货人员发放安全帽，解决现场司机及卸货人员经常不佩戴安全帽的恶习，卸货完成后统一回收并退回押金。

4. 主变、换流变、高抗、平波电抗器等大型设备进场或主变、GIS等大型设备耐压局放试验前一天，监理项目部召开现场协调会，对第二天现场道路交通情况做总体协调。监理项目部负责全站道路交通的总体协调管理工作。

5. 本制度通过物资项目部下发至各供货厂家。对于不遵守本制度的运输单位，通过物资项目部向相应供货厂家反映，必要时采取惩罚措施。

## 三、厂家服务人员现场管理制度

特高压变电站工程设备数量大，施工高峰期厂家服务人员多达百余人。通过本制度与物资项目部联动，将厂家服务人员的管理纳入施工现场管理中，做到全站监理工作无死角，规范厂家服务人员现场行为，在保证服务质量的同时，加快现场设备安装及调试进度。本制度主要包括以下内容：

1. 施工单位根据一次设备、二次屏柜等设备到货、安装、调试情况，编制厂家服务人员需求表，明确需求人员数量及到场日期，由监理项目部转交物资项目部。

2. 厂家服务人员到达现场后应参加施工单位班前会，施工单位应向厂家服务人员做现场情况交底，交底应有文字记录，监理项目部对交底情况做不定期检查，检查中发现的问题下发工作联系单责令施工单位进行整改。

3. 厂家服务人员签到制度。物资项目部应当对厂家服务人员的到岗到位情况进行检查监督。每天上班前、下班前，物资项目部应对厂家服务人员进行点名签到确认，保证厂家服务人员的现场服务时间。施工单位也应及时向监理项目部反馈厂家人员的服务情况，及时撤换不合格的服务人员，保证现场设备安装及调试的进度和质量。

4. 厂家服务人员到达特高压变电站现场后不得随意离开，经施工单位及监理项目部相应负责人签字同意，保证现场服务工作已完成或厂家对服务人员进行调换，该服务人员方可离开现场，否则不得离开。对于擅自离开的服务人员由物资项目部追究对应厂家的责任。

5. 主要厂家服务人员应参加现场工地例会，将其纳入现场应急管理体系，参与消防与应急演练。

6. 本制度通过物资项目部下发至各供货厂家。

## 四、站用电使用管理制度

特高压变电站工程站用电一般先期投运，投运后距全站投运还有一段时间。本制度主要梳理站用变投运后对投运部分的保护工作以及全站由临时施工用电向站用电转换过程中的管理、协调工作。本制度主要包括以下内容：

1. 站用变投运前由施工单位编制《站用电投运方案》，方案中明确全站带电部位、二次保护的整定及带电部位的防护隔离措施（如房间上锁，屏柜上锁，设置警示标志及隔离围栏等）。

2. 站用电投运后带电部位的电气、

土建消缺工作由消缺责任单位开具工作票，经监理及运行单位同意后，由站用电施工单位配合进行消缺工作。消缺工作完成后及时销票。

3. 在尚未正式将站用电系统移交给运行单位前，站用电系统的倒闸操作由施工单位执行，运行单位监护。

4. 站用电投运后，施工用电逐步由临时用电向站用电转移，转移前施工单位上报监理部，监理项目部更新全站配电箱及检修箱示意图并对站用电转移后的接线情况进行检查。全部转移后施工用电的《施工用电申请书》需要经监理项目部及运行单位的同意，馈电屏的管理责任单位在未正式移交前为相应的施工单位。

## 五、主控楼进出管理制度

特高压变电站工程二级电压配电区域一般先期投运，变电站还在建设过程中运行人员就已经开始正常上班、接受调度令了。本制度为了保证运行人员在整个特高压变电站工程建设期间运行工作的独立性，保护运行人员及运行设备，通过规范工程建设人员出入权限达到对运行区域进行管理的目的。本制度主要包括以下内容：

1. 主控楼、继保室及运行带电区域实行胸牌准入制度，没有佩戴胸牌的人员一律不准进入带电运行区域。进入主控室的人员应按规定穿鞋套，保证主控室的干净、卫生。

2. 胸牌由监理项目部负责制作和发放，各施工单位根据消缺和工作情况上报所需胸牌数量，经监理项目部和运行单位审核后下发施工单位。

3. 胸牌按颜色区分为三种权限：红色胸牌可以进出全站任何区域；绿色胸牌可以进出全站除主控楼外的室内或室外带电区域；黄色胸牌只能进出室外带电区域。

4. 各施工单位指定专人负责工作票的集中签发和销票工作，报监理项目部及运行单位备案。相应工作完成后施工单位应及时办理销票工作，累计多次未办理销票工作的，运行人员可以拒绝为该施工单位办理新的工作票。

5. 其他需要进出人员凭工作票另行到监理部办理手续，领取蓝色胸牌每块收取一定金额押金，胸牌退还时返还。胸牌使用时间最长不得超过5天，到期后到监理部重新办理领取手续，逾期未归还者收取押金的50%作为滞纳金。凭工作票上领取胸牌的，按工作票标明的工作时间归还，逾期未归还者收取押金的50%作为滞纳金。

6. 监理项目部负责全站胸牌的调度、管理工作。

## 六、投运（试运行）过程中的应急消缺制度

特高压变电站工程投运过程操作复杂，突发情况多，处理过程要求快速、准确、到位。本制度规范特高压变电站投运操作过程中及试运行期间各施工单位、厂家服务人员对投运过程中突发情况的反应行为，作为特高压部分准时、顺利投运的后备保障措施。本制度主要包括以下内容：

1. 运行单位应向施工现场提交正式的投运计划，方便现场项目部进行应急计划及应急方案的安排。

2. 各施工单位应做好应急抢修及消缺人员、机械、工具、材料的准备工作。由监理项目部负责对各施工项目部的准备工作进行检查，对发现的问题下发监理工作联系单责令整改，要求在正式投运开始前必须整改完成。

3. 为配合运行单位的投运操作，投运操作及试运行期间各施工单位、厂家服务人员、监理项目部应派专人在主控室外值班，遇突发情况第一时间采取抢修消缺工作，由监理项目部值班人员负责点名签到。

4. 试运行结束后各施工单位应组建消缺班组，专门负责投运后缺陷的消缺工作。

上述六个制度在特高压监理过程中起到很重要的作用，在保证特高压变电站工程现场施工安全、进度方面贡献很大，提升了业主对监理项目部工作的认可。上述六个制度在正式颁布前均需经过业主同意。

**参考文献**
[1] 《1000千伏皖南特高压变电站监理规划》[Z], 2010
[2] 《1000千伏浙南特高压变电站监理规划》[Z], 2012
[3] 《±800千伏武义特高压直流换流站监理规划》[Z], 2011
[4] GB/T 50319—2013，《建设工程监理规范》[S]
[5] JGJ 46—2005《施工现场临时用电安全技术规范》[S]
[6] DL/T 782—2001《110kV及以上送变电工程启动及竣工验收规程》[S]
[7] DL 5009.3—2013《电力建设安全工作规程 第3部分：变电站》[S]

# 推进我国专业化工程项目管理发展的思考

上海同济工程咨询有限公司 杨卫东

近几年来，随着我国经济的迅速发展，投资规模的不断扩大和项目建设复杂化程度的日益提高，为业主方提供专业化工程项目管理服务的市场和社会需求越来越显著，如上海世博园、天津于家堡金融中心、中国商飞、中国烟草、交通银行、上海迪士尼等一大批国内投资的重大项目建设均开始尝试委托专业的工程项目管理。但工程实践中，我们也深刻地感觉到，以往引进的国际通行的业主方专业化工程项目管理的思想、理论、方法和手段不能完全适应我国工程建设项目管理市场的需要，政府、行业、业主和业内人士对国内专业化工程项目管理服务的需求范围、内容和方式在认识上存在较大的差距，提供专业化工程项目管理服务的企业在管理水平、人员素质、管理手段等方面也参差不齐，究其原因是目前在我国工程建设领域还缺乏一套全面、科学、符合我国国情的专业化工程项目管理的思想和理论体系，用于统一我国专业化工程项目管理服务领域的思想认识，推动专业化工程项目管理服务的行为和实践活动。对此，本文作者想谈几点思考，供大家参考。

## 一、我国开展专业化工程项目管理服务的历史回顾

20世纪80年代末，为了适应我国改革开放的需要，在借鉴国际工程项目管理成熟经验的基础上，我国工程建设领域推出了工程监理制度，旨在通过对投资项目建设的全过程实行专业化的工程项目管理，以提高工程建设管理水平，尽可能地促进工程质量的提高和投资效益的发挥。但是纵观二十多年来工程监理制度的发展历史，由于我国工程建设领域的市场化程度不高，发展方式落后，管理水平较低，思想和文化较为保守等因素，加上市场化机制建设不够，政府管理职能转变不彻底，行业促进力不足，企业自身能力建设缺乏等客观原因，目前工程监理的职责主要集中在施工阶段对工程质量的控制和履行安全生产管理的法定职责，远未达到制度设计之初对投资项目建设全过程实行专业化项目管理的目标。

进入21世纪以来，由于我国投融资体制的深化改革，建设领域市场化程度的进一步提高，投资主体和投资方式的多元化，专业化工程项目管理服务的市场不断扩大，一些实力较强的监理企业和工程咨询企业开始积极、主动地发展工程项目管理咨询服务，以社会化、专业化模式来适应市场需求，实现企业调整和转型升级。为此，政府也先后出台了相关的引导性政策文件，如2003年原建设部发布了《关于培育发展工程总承包和工程项目管理企业的指导意见》（建市[2003]30号），2004年发布了《建设工程项目管理试行办法》（建市

[2004]200号），2008年为了贯彻落实《国务院关于加快发展服务业的若干意见》和《国务院关于投资体制改革的决定》的精神，推进有条件的大型工程监理单位创建工程项目管理企业，又组织制定了《关于大型工程监理单位创建工程项目管理企业的指导意见》（建市[2008]226号）。2010年，住房城乡建设部领导在全国建设工程监理工作会议上的讲话中也指出，"各级住房城乡建设主管部门要积极培育工程项目管理和咨询市场，加强对工程项目管理和咨询工作的指导，切实解决工程项目管理和咨询服务市场发展中遇到的矛盾和问题，为企业排忧解难，努力推进工程项目管理和咨询服务市场的发展"。

综上所述，尽管工程监理至今存在种种问题，但这项制度的推行为我国推进全过程专业化工程项目管理的发展奠定了良好的思想和理论基础，其二十多年的实践经验也为今后推进我国专业化工程项目管理的发展提供了宝贵的经验。我们可以预测，专业化工程项目管理需求市场的扩大、专业化项目管理的实践积累以及相关政策的引领，必将为工程监理的发展提供广阔的空间，必将促进我国工程监理企业的转型升级，也必将为我国专业化工程项目管理的发展提供极好的契机。

## 二、我国推进专业化工程项目管理服务模式存在的障碍

工程监理制度已经推行20多年，政府从政策层面倡导专业化工程项目管理也有近10年，专业化工程项目管理的市场需求也正日益扩大，但国内实行真正意义上的全过程专业化项目管理仍举步维艰、困难重重。究其原因，笔者认为有以下几个主要方面：

一是由于我国建设管理体制的缺陷。我国投资项目的建设管理包括立项前投资决策的管理，主要以发改委为主，其他还包括规划、环境、消防、卫生等的准入管理，企业和人员须具备相应的资质和资格条件；立项后建设过程实施阶段的监管，以建设行政主管部门为主，企业和人员也须具备相应的资质和资格条件。正是由于项目建设的各阶段执行如此严格的、强制的"双准入"制度，业主必须将前期工程咨询、勘察设计、招标采购代理、造价咨询、工程监理等管理任务进行割离后，分别委托给具有相应资质资格的若干家企业去完成，一家专业化工程项目管理服务企业即使有能力一般也无法满足如此众多的资质资格要求。因此，在我国无法从根本上实现国际上通行的全过程、全方位的专业化管理服务，这也是与国际上专业化工程项目管理服务体系的根本性差异。

二是由于我国工程建设的整体管理水平的落后。长期来，受计划经济的影响，我国社会经济发展方式相对比较落后，管理方式比较单一和粗放，存在"重技术、轻管理"、"重后期实施、轻前期评估"、"重表面问题的处理，轻深层原因的分析"的状况，加上我国施工管理水平落后，队伍整体素质较低，工程质量、安全事故频发，造成我国工程建设管理侧重对施工阶段工程质量和安全的管理，忽视对项目整体目标和风险预防的管理；重视对施工阶段工程质量和安全生产的监理，忽视全过程专业化项目管理的推行。这与国际上工程建设项目全寿命周期管理的理念存在的水平差距。

三是由于我国传统的管理文化和思维的局限。长期以来，由于受封建家长制的影响，投资者或管理者自我判断、自我决策、自我管理意识较强，不愿"大权旁落"，认为实现专业化工程项目管理会削弱其对工程项目的决策权和管理权，会降低领导者的威信，不愿或不放心委托专业化工程项目服务企业为其服务。另一方面，从内心缺乏对专

业化服务的内在尊重，缺乏对科学管理的认同感，即使委托专业化工程项目服务企业，也只是希望其承担工程项目投资、进度、质量、安全的全部责任，不愿给予实质性的支持和信任，包括不愿支付合理的服务酬金，使专业化工程项目服务的作用难于真正体现和发挥。这与国际上强调专业化工程项目管理所要求的科学、独立、专业、诚信的管理思维和理念存在一定的差异。

四是由于我国法律法规体系建设宗旨的偏差。虽然20多年来我国法制化建设有了迅猛的发展，从形式上建立了一套较为完善的法律法规和标准体系，但我国的法律法规体系仍侧重于建立在政府管理的导向上，侧重于对项目参与各方的政府监管，而国际上更侧重于从市场经济的角度强调市场的分工和社会职责的履行，强调专业化工程项目管理服务的市场化。

五是由于我国项目管理方法和手段的落后。在工程实践中，我国项目管理的方法手段还比较落后，缺乏科学的项目管理技术和方法，缺乏先进的工程项目管理软件，缺乏完善的项目管理程序、作业指导文件和基础数据库，更多的是基于管理者的工程实践经验，与国际上科学化、信息化和程序化的管理方法和手段相比存在较大差距。

正是由于建设管理体制、管理水平、文化思维、法律体系和管理方法手段等诸多因素与国际通行的专业化工程项目管理在服务条件、环境的不同和差异，注定我国专业化工程项目管理应有别于国际上通行的专业化项目管理，生搬硬套、照搬照抄必将导致我国专业化工程项目管理的发展困难重重，难于有效地开展。因此，只有建立起一套既符合国际上工程项目管理的一般规律，又符合我国工程建设管理现状、具有中国特色的专业化工程项目管理服务模式，才能推进我国专业化工程项目管理的发展，才能不断适应工程建设管理领域发展的需要。

## 三、推进我国专业化工程项目管理发展的建议

### 1. 建立符合国情的专业化工程项目管理服务模式

从以上分析我们可以看到，我国专业化工程项目管理服务新体系的建设，既要学习国际上成熟的、先进的工程项目管理理论和方法，更要从中国的实际国情出发，综合考虑我国现行的工程建设管理体制、市场经济的发育程度、建筑市场的管理水平、法律法规体系的特点、文化价值观的差异性、管理方法和手段的差距等因素。只有在充分吸取国际上工程项目的理论精髓，借鉴国际上成熟经验的基础上，并通过自身不断的实践和总结，才能逐步建立起具有中国特色的专业化工程项目管理服务新模式，从而不断完善我国工程建设管理模式，满足社会不同客户的需求，推进我国工程咨询行业的发展，从而适应我国高速发展的市场经济的需要。特别是在当今，社会在转型，集管理、经济、技术、经验于一体的专业化项目管理服务模式的建立是我国市场经济向前发展的必然，也是推进和提升我国工程建设管理水平的重要途径，为此，我们需要不断地去探索、去创新。有理由相信，中国的专业化工程项目管理服务新体系必定有中国的元素，必须符合中国的国情。

### 2. 在全社会营造积极推进的良好氛围

从全社会和市场层面，应营造积极、开放的社会环境和诚信、竞争的市场氛围，并紧随我国政治体制深化改革的步伐，抓住经济发展方式转型升级的历史机遇，在全社会和工程建设领域积极倡导建立符合中国国情的专业化工程项目管理服务模式的必要性及其积极意义，树立专业化工程项目管理服务是现代工程咨询服务的重要组成部分的思想理念，这也是提升我国工程建设领域管理水平和实现工程建设管理方式转型升级的重要途径。

### 3. 强化政府的宏观管理和政策的引导作用

从政府管理和政策层面，应从宏观上制订相关政策，积极引导专业化工程项目管理服务市场的建立，鼓励市场化、社会化、专业化的工程项目管理服务方式的发展，主导行业管理的发展方向。从政策上多加支持，并结合当前建设领域行政审批制度改革的契机，弱化一些微观上的强制督管和约束，如淡化企业资质管理、强化从业者的责任追究，淡化市场准入、强化行为的管控等，使其职能的发挥更符合市场化的发展规律。

### 4. 加强行业的规范化管理

从行业建设层面，行业协会要大力推动专业化工程项目管理服务模式的健全和完善，指导企业向专业化工程项目管理服务转型升级，并积极开展行业内外和国际同行的交流、沟通和合作，制订专业化工程项目管理服务的标准化，实现服务的规范化，推动专业化工程项目管理的有序、健康和持续发展。

### 5. 倡导业主方积极委托专业化工程项目管理

从业主方层面，业主应根据自身管理能力积极尝试委托专业化工程项目管理服务企业进行项目管理。在现有建设管理体制下，根据实际情况，可以将业主方工程项目决策阶段和实施阶段的全部或分阶段管理任务委托给专业化工程项目管理服务企业。如对于涉及前期决策阶段的各项工程咨询和评估以及实施阶段的工程勘察设计、招标代理、设计管理、采购管理、施工管理（或工程监理）和试运行（竣工验收）等管理和咨询服务，业主可视自身的管理能力，以及项目管理服务单位的服务能力进行单项或多项委托，即建立"1+X"的专业化工程项目管理服务模式，"1"是指业主委托的全部或分阶段专业化工程项目管理服务，"X"是指前期计策阶段各项工程咨询和评估与实施阶段的工程勘察设计、招标代理、设计管理、采购管理、施工管理（或工程监理）、试运行（竣工验收）等一项或多项服务。

### 6. 促进企业专业化项目管理服务能力建设

从项目管理服务企业层面，有条件的企业应加快转型，大胆尝试，建立起适合市场需求的运行机制，树立起企业工程项目管理的服务品牌。企业内部应建立健全项目管理服务的运行机制，完善企业组织机构，配置结构合理、能力符合要求的专业技术管理人员和项目管理服务团队；完善管理制度和服务流程；建立和完善项目管理程序文件、作业指导书和基础数据库；应用先进、科学的项目管理技术和方法；改善和充实工程项目管理技术装备；引进或开发项目管理应用软件，实现信息化管理；树立良好的职业道德，诚信开展专业化工程项目管理服务。总之，企业应不断完善自身的能力建设，确保专业化工程项目管理服务的水平和质量。

### 7. 鼓励项目参与各方适应专业化工程项目管理模式

从其他项目参与各方层面，应努力适应实行专业化工程项目管理服务模式下的工作方式，履行相应合同赋予的责、权、利。

## 四、结束语

从20世纪80年代末建立工程监理制度开始，我国引进专业化工程项目管理已有20多年，促进了工程建设领域组织管理体制的改革和工程建设管理的专业化、社会化发展。当前，随着我国经济的发展和投资体制的进一步深化改革，建设工程管理的市场需求呈现多样化的趋势，也为专业化工程项目管理的发展提供了新的发展契机。为此，对于建设周期长、投资规模大、复杂程度高的项目，我们应积极倡导推行专业化的工程项目管理服务模式，并从中不断地总结经验和教训，完善我国的专业化工程项目管理服务模式，以推进我国工程监理的改革发展，从而促进工程建设管理领域健康、可持续发展。

# 深基坑的信息化监理：BIM对接新兴IT技术

上海现代建筑设计集团工程建设咨询有限公司　梁士毅

上海现代建筑设计集团工程建设咨询有限公司成立于1992年，最初四年，只开展施工监理业务。1996年后，经过近18年的拓展，现已成长为一个具有设计、EPC和各种工程咨询能力的综合公司。近7年来，我们一直在尝试将以BIM为核心的信息化运用到公司上述各种不同类型的业务中去：世博会德国馆项目我们进行的是设计BIM加项目管理咨询；奥地利馆项目是设计BIM加监理和招投标咨询；沪上生态家项目是EPC的BIM加绿色建筑；思南路公馆既有建筑改造项目开展的是工程咨询中的BIM加扫描，以上项目在历届全国BIM创新杯上都已获奖。今年初我们又完成了优任项目的BIM在EPC全过程的运用，目前还在松江泰康人寿项目上探索利用BIM进行项目管理。但如何在单纯建设监理项目上结合监理特点运用BIM，我们还缺乏实践。

今年初开工的上海浦东保利大厦基坑项目，风险程度较高。我们公司承担的是纯建设监理任务。设计、施工和基坑监测还是用传统的二维CAD技术来做的，但它们三家都是上海较强的单位，对于BIM接受程度很高。我们就想在这个项目上尝试一下进行深基坑的信息化监理。

我们考虑的因素有三个方面：

1. 目前世界上与BIM对接的新兴IT技术发展迅猛。前两个月，美国麦克格罗希尔公司（McGraw Hill）对于发达国家BIM使用情况做了大量国际调查后发表专题报告指出：

"基本的BIM建模和协同应用，即将成为常规做法。企业要保持竞争优势，需要使用新兴技术（Emerging Tech），来充分发挥模型数据的作用。这些技术包括：

a. 用三维扫描捕捉现场实况整合到模型中去；

b. 用增强现实AR（Augmented Reality）将相机直播景观与模型结合；

c. 用模拟和分析来优化物流策划和决策；

d. 用超仿真沉浸式可视化的虚拟现实技术(VR，Virtual Reality)为各方沟通复杂信息，可以特别有效地帮助业主获得未来的竞争优势。"

我们公司这三年也已转向探索这些新兴技术。去年BIM创新杯全国37个获奖项目中，大多是单纯的设计BIM或施工BIM，而我们申报的"GIS、三维扫描、AR/VR与BIM对接用于玉佛寺改建的前期策划"获得的却是"最佳BIM拓展应用奖"。这正好符合麦克格罗希尔公司报告指出的未来方向。我们最近又引进、开拓了GIS与地勘模型集成、传感数据自动导入模型、BIM的5D模拟、3D彩色弹性打印、谷歌眼镜APP开发等技术，也完全可以结合上述技术，运用到这个项目中去。

2. 目前建设监理行业遇到很多困难，但在科技进步方面，我们自身也确有不足之处：国内这么多次BIM评奖，监理单位鲜有申报，已被设计施工单位严重边缘化。"天行健，君子当自强不息"，要走出行业困境，只有靠监理单位自己做大做强。一方面我们需要更多像高铁监理那样的单位，在传统监理技术基础上大胆突破，做专做特做精做新，打出品牌，为监理行业扬眉吐气；另一方面监理同仁必须在业务和技术两个层面上创新、升级、跨界、延伸，拿出信息化监理样板项目来，参与BIM评奖，跟上甚至超过设计、施工信息化的时代步伐，鼓舞行业士气。我们公司愿意借此项目为监理的行业振兴出一臂之力。

3. 深基坑历来都是监理安全管理的重中之重。20多年来，我公司曾经有五个监理基坑发生过严重险情，差点造成事故。究其原因，监理发现危险源主要靠判读监测报告，而基坑监测的监控方法值得反思：

传统的基坑位移监测方法，是将测斜管在深度方向每隔0.5m分布一个测点，采集当日位移数据，然后将该批数据与累计位移允许值、与减去昨日位移数的当日位移允许值及时间变化趋势做对比，制成Excel表格，据此判断危险与否。这样每根测斜管就必须换算成上百个数据，稍微大一点的基坑几十根测斜管，一次测试的数据就是上千个，大型深基坑则上万个，几天下来，书面报表就堆积如山，堪称大数据。而监测人员和监理人员在翻阅

这些报表时，只能读到反映静态即时状态的多如牛毛的孤立数字，或根据少数敏感点绘制的二维时变连续剖面曲线图表，不能直观地看到基坑三维整体安全状态，更无法看到四维的时间变化趋势。当阅读者疲劳、精神不集中时，人为遗漏或误读的概率就很高。上海二十多年来倒塌过十几个基坑，与这种落后的监测方法不无关系。一旦造成事故，监测人员首负其责，但监理作为强制旁站人员，也难辞其咎。我们希望借此项目另辟蹊径，探索新的信息监测方法。

鉴此，我们组成了现场总监和公司BIM部组成的保利大厦基坑监测的6人研发团队，邀请了岩土监测单位一位工程师参加，进行集中攻关，探索从BIM设计开始，到施工阶段的5D监测，对基坑实行全过程的信息化监管。

首先，我们把三维地理信息系统GIS结合地勘模型和基坑模型，建成上天入地的整体模型，便于建筑、岩土、结构专业人员用于模拟策划分析和决策；

用3D打印机打印成彩色弹性模型便于现场研判；

施工开始后，用三维扫描获得的实际现场基坑围檩数据矫正BIM的设计模型；

将测斜数据自动导入服务器里的BIM模型平台；

用服务器自动计算处理数据后，加上时间维度，放大一千倍，用色谱鲜明地标示出5D模型中"安全、临界和超限"的三种状态；

用虚拟现实VR场景技术到人无法到达的基坑外模型的危险源部位观察分析决策；

用便携式4G WiFi增加坑内上网速度（仅限露天层，下几层需增加投资布置WiFi基站；如用蓝牙的iBeacon，也需布点）；

在基坑不同监测点布置二维QR码（Quick Response），使用智慧手机、iPad，或谷歌眼镜，快速触发不同点的5D模型投放到基坑现场，进行增强现实AR观测；

发挥谷歌眼镜佩戴式优点，专门开发了谷歌眼镜的增强现实AR的APP，用于基坑的巡视监理；

在施工前把抢险方案编成分步骤的模拟动画，植入谷歌眼镜，便于危急时快速调用（不需网络支持，基坑深处也能用），形象化地支持救援决策和应急管理；

一旦发生险情时又可以用谷歌眼镜语音报警和远程视频直播，供后方领导与监理同角度跟踪观察，指挥抢险（需电信和WiFi支持）。

这样就把包括数字监控、移动通信等多种跨界延伸的新兴IT技术与5D的BIM模型对接，做到了：

1.提高整体基坑施工时变结构安全监测的自动化、可视化程度，把传统人工书面判断大数据改革为自动快速设别5D模型大数据中的少数彩色敏感值，实现了基坑变形危险源的自动识别分析。不但大大提高了工作效率，更重要的是减少了人为犯错

的概率，提高了安全保障水平。尤其对于大、深基坑的监理，作用更为明显。

2.建立了BIM与监控数据的融合机制，做到了网络平台上的动态监管。

保利大厦基坑在实际施工中，基坑跨中部位灌注桩的测斜位移5D模型于4月22日出现黄色临界状态，26日出现红色报警，但因监测早就发现了变形趋势，该部位的基坑加速施工，对应的相邻危险源煤气管道在5月3日达到设计限值的70％时就终止沉降了，保证了基坑的安全。

以上是我们公司为信息化监理进行的一次有益的探索。该项目已获创新杯2014年最佳BIM拓展应用奖。

1.项目概况

2.一般概况

上海保利黄浦江中心段E18单元1-8地块项目B区（企业会所）由9栋地上3层的建筑组成，整体设置一层地下室。

（1）建筑名称：上海保利黄浦江中心段E18单元1-8地块——企业会所。

（2）建筑场所：浦东新区浦明路西侧、潍坊西路口附近。

（3）业主：上海保利·建昊商业投资有限公司。

（4）建设监理单位：上海现代建筑设计（集

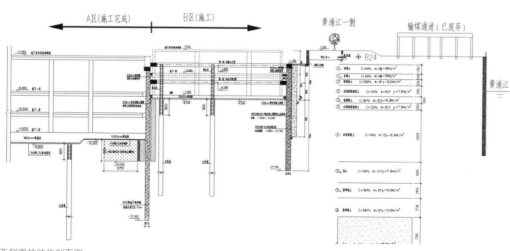

基坑西侧围护结构剖面图

团）工程建设咨询有限公司。

（5）BIM技术咨询单位：上海现代建筑设计（集团）工程建设咨询有限公司。

（6）基坑支护设计单位：上海现代建筑设计（集团）有限公司华东建筑设计研究院。

（7）施工单位：上海建工集团第一建筑工程公司

（8）监测单位：上海现代建筑设计（集团）申元岩土工程有限公司有限公司。

1）基坑工程概况

（1）基坑规模：B区基坑总面积约4850m²，基坑延长米约为450m；

（2）基坑开挖深度：

（3）本工程高程

±0.000=+5.450（吴淞高程），自然地坪相对标高普遍区域标高为−1.300，考虑基底垫层厚度200mm，本工程基坑挖深为6.9m。基坑西侧为滨江绿化带，且绿化带地坪标高高于坑边地坪2.65m。由于与绿化带距离较近，约为3.2m。

3.基于BIM的基坑5D监测及新兴呈现技术应用的意义

1）意义

《建筑基坑工程监测技术规范》（GB50497−2009）强制性条文规定：开挖深度大于等于5m或开挖深度小于5m但现场地质情况和周围环境较复杂的基坑工程以及其他需要监测的基坑工程应实施基坑工程监测。

目前基坑安全监测数据文件均以报表配合二维曲线、图形的方式表达变形趋势，当工程师查看变形情况时不能方便地整体查阅变形情况，对基坑支护结构的变形趋势难以准确判断。经验丰富、责任心强的监理工程师尚可及时发现基坑变形的异常情况，但对于新参与项目的监理工程师或非专业人员则不同，当不能正确判断时对基坑下一步的施工决策将产生影响，严重情况下可能产生安全隐患。

鉴于以上原因我们将BIM技术和数据自动导入技术引入基坑工程监理、监测、管理等工作，以解决以往在基坑围护结构变形监测过程中不能直观表现其变形情况和变形趋势的缺点，采用5D技术（三维模型+时间轴）+变形色谱云图的表现方式将测斜数据自动导入服务器进行数据处理，然后导入彩色模型，方便监理人员、工程师、管理人员、业主、施工人员等直观判断基坑围护结构的变形情况，并指导开展相关工作；采用基于BIM的地勘模型指导监理、施工、设计人员直观准确地判断地质情况，协助处理突发情况；采用三维激光扫描辅助监理、监测单位判断矫正施工误差；BIM结合GIS(地理信息系统)指导工程场地规划、场地

基坑事故（图片来源：百度图片）

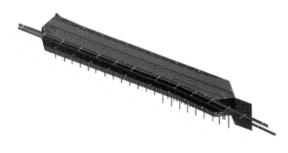

基坑BIM整体模型

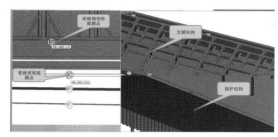

基坑BIM模型细部

地勘模型

环境管理等；采用3D彩色尼龙打印技术辅助项目参与人员了解基坑基本情况；采用基于AR、VR、Google Glass的新型呈现技术全方位展现基坑的变形监测、地质情况以及动画指导基坑抢险和视频直播辅助基坑项目监理、监测、管理等日常工作，提高基坑工程的监理、管理、施工等各个环节的工作效率，减少危险情况遗漏。

2）BIM优势

（1）直观表现基坑围护结构的变形情况；

（2）通过添加时间轴的5D变形动画可以准确判断基坑的变形趋势；

（3）快速定位基坑围护结构的危险点，并根据变形趋势及现状及时作出应急预案；

（4）辅助监理、施工管理，其他项目参与人员同样可以看懂基坑变形情况；

（5）结合其他监测数据如水位变化、道路沉降、观想变形、周边建筑物变形等，辅助工程师判断基坑变形的原因及主要影响因素；

（6）结合已有的基坑围护结构的变形历史判

断未来一段时间的变形趋势，对危险位置提前预警重点监测；

（7）有利于监理、施工管理人员和业主方的工程决策；

（8）减少安全隐患，降低施工成本。

4. 第一阶段：设计阶段BIM应用

1）基坑BIM模型建立

（1）BIM模型内容：围护结构建模；支撑结构建模；周边管线建模；地下水位建模；各类监测点建模；基坑变形模型；应急状态模型。

（2）BIM模型目的：设计、施工及监理人员查阅；辅助变形监测；地下水位历史情况查看；辅助基坑抢险应急预案演练；基坑围护结构变形趋势判断。

2）基于BIM的地勘模型应用

以地勘报告为初始数据，将二维地勘资料转换成三维地勘模型，在Revit中与基坑结构模型合并，可以实时、任意视角查看地下室结构构件（地下连续墙、底板、桩等）与不同深度土层之间的关系，快速查看土层属性信息，指导设计、施工，辅助监理、监测人员判断桩基持力层和有效桩长，对比开挖实际情况与地勘报告的符合度，辅助验槽工作。利用该地勘模型可以直观、清晰看到土层的分布情况，判断是否存在暗沟、夹层等不利的地质情况以及不利地质情况的分布位置，有利于辅助监理、设计、施工等工作的开展。通过剖面视图可以准确判断桩端持力层，同时查看对应的静力触探曲线预估沉桩阻力，辅助确定沉桩施工方案。

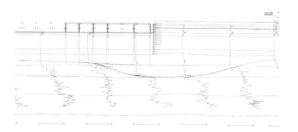

地勘模型2D剖面视图

基坑彩色弹性3D打印模型

虚拟现实VR场景

BIM模型植入3DGIS系统

该地勘模型不同于以往的地质模型，将地勘模型集成到Revit中，并赋予土层属性，使监理、设计、施工人员能在Revit平台上进行设计、校核工作，这种集成式模型更适合民用建筑的监理、施工、设计工作的开展，提高工作效率。同时可以对地勘模型进一步开发，当修改桩长或桩径等属性时能实时输出变化后的桩承载力、桩材料用量及单桩成本，对设计阶段的桩型选取、确定桩基方案有非常重要的实用价值。

3）3D打印技术在基坑工程中的应用

因基坑内外存在灌注桩、钢支撑、连续墙、水位检测管、煤气管、通信电缆、上水管等大量不同的构件，用单一材料、颜色的3D打印模型，不易辨识。同时在工地开会，需要非常频繁地转动模型。采用ABC塑料材质的模型容易翘曲，石膏模型很快就会折断。该项目采用最新的彩色尼龙弹性3D打印模型，对基坑侧面的重要管线（煤气、给水、信息）采用不同颜色表达，以增强识别性。采用3D打印技术可以辅助工程参与人员快速、直观了解项目情况，在项目会议讨论、决策时成为有力的辅助工具。随着3D打印技术的日趋成熟，3D打印的成本逐步降低，同时3D打印有很好的灵活性、成型快速、准确，工程师可以对项目整体进行3D打印生成缩尺模型，也可以选择局部位置生成大比例3D打印模型。3D打印技术势必成为项目建设监理过程中必不可少的技术手段之一。

4）VR技术在基坑工程中的应用

VR(Virtual Reality）虚拟现实是指借助计算机及最新传感器技术创造的一种崭新的人机交互手段，能使用户基于互联网平台多人、多地点互动操作，具有身临其境的沉浸感，具有与虚拟环境完善的交互作用能力。本项目中，监理工程师引导业主、设计、监测和施工人员，共同"沉浸"到人无法到达的基坑外的时空幻境，反复观察，清楚地看到了灌注桩哪些部位的侧向位移如何一步步导致煤气管产生竖向沉降，从而及时发现危险源，迅速决策，立即调整基坑该部位的施工方案。同时各参与方还通过VR技术进行项目交流，针对施工过程中的突发情况的预处理方案调整抢险预案，并进行模拟。

本基坑基于BIM的浸入式VR技术改变了决策者以图纸、想象为基础的定案方式，VR技术提供了不限地点、共享、直观、快速的讨论项目问题的新方法，同时也是对AR技术在项目应用上的补充。

5. 第二阶段：施工前监理工作BIM应用

1）3D GIS在基坑工程中的应用

GIS（地理信息系统）可以实现空间图形显示与

基于AR技术的基坑变形测量作业指导

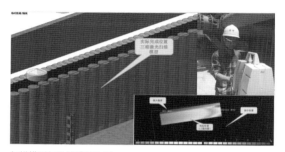

扫描模型与设计模型比对

空间信息查询与分析。基坑施工变形监测所牵涉的数据类型多样，既有每日的测定变形观测数据，又有测点布置图这样的图形数据。

在该项目中，在GIS环境中植入半透明的地下基坑和地勘土层BIM模型，形成一个整体性的"上天入地模"，真实反映项目在三维数字城市中的情况，通过地理信息系统可以看清地上城市环境中的黄浦江防汛墙、受控管线与本基坑的关系，又可以看到地下复杂地层中持力层和软弱下卧层对于基坑的支撑作用。这样，通过为项目全过程解决方案提供三维可视化展示、数据可实时提取、多解决方案比选等提供强大的三维可视化数据支持，使参与方从宏观角度分析项目、协同监理、管理施工现场。

2）AR技术在基坑工程中的应用

AR(Augmented Reality）增强现实是一种全新的人机交互技术，利用这样一种技术，可以模拟真实的现场状况，它是以交互性和构想为基本特征的计算机高级人机界面。使用者不仅能够通过虚拟现实系统感受到在客观物理世界中所经历的"身临其境"的逼真性，而且能够突破空间、时间以及其他客观限制，感受到在真实世界中无法亲身经历的体验。

本项目将AR技术应用到基坑施工建设中，当监理人员用智慧手机或iPad，或谷歌眼镜观察测斜孔时，通过QR二维码的触发，可以方便地进行基坑变形观测、基坑抢险培训、基坑抢险预案展示，提供监理、管理人员在不便进入基坑内部的情况下对施工、监测、抢险工作进行指导。用新型呈现技术辅助项目监理工作，提高项目的人机互动，模拟可预见的项目真实场景，使项目参与人员对将要进行的工作内容有基于现实场景的可视化预览，提高项目参与人员对项目工作内容的理解。

6. 第三阶段：施工过程中监理工作的BIM应用

1）基坑三维激光扫描检测施工误差

由于三维激光扫描的成果是建筑物真实状态的体现，依据高精度的扫描点云进行建模，生成的三维模型最大程度上接近真实，其数据格式兼容性好，易存储，可以直接用于数据存档、工程应用、展示汇报、文物复建等方面。本项目将三维激光扫描技术用于基坑施工误差检测，鉴于实际施工与设计图纸之间不可避免地存在误差，通过三维激光扫描技术将完工的基坑围护结构与设计模型之间进行误差比对，以便监理人员检验施工质量，使理论计算更符合现场实际工况。

传统监测数据采用文字+二维简图表达

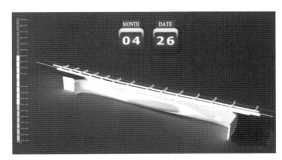

围护3D模型+时间+变形值色阶

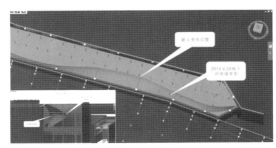

围护结构变形BIM模型

2）基坑5D变形监测

（1）基于BIM的基坑变形监测工作方式的转变

传统的基坑变形监测工作方式采用数据表格、二维变形曲线、文字描述的方式编制成监测报告。每天靠人工操作，翻阅大量Excel表页中的成千个数据，得出每个测点的本次变形值和累计变形值的差异以及与上次变形值的差异，从而判断风险临界状态。如要知道变形速率，也只能将少量敏感点——描绘出其单点时间变形轨迹，用以分析趋势，然后加以是否报警的标注。这样做，第一耗时费力，不利于基坑变形的快速判断，第二是靠人工大数据阅读，容易疏忽漏读，第三无法通览基坑大区段块状侧向变形与受监控管线线状垂直沉降之间的三维空间关系，第四更无法直观地看到整个基坑的四维变形时间趋势，迅速找到危险源。

（2）根据现场检测数据生成围护结构变形BIM模型

在本项目中应用BIM技术以3D+时间+变形值色阶的5D技术将变形监测数据导入模型，自动计算后整个基坑呈现的是彩色变形立体状态，因此立即就可以看到临界区域(黄色)和超限危险点(红色)。这种可视化基坑变形监测方法简单、准确、快速，为监理、监测人员提供了崭新的基坑监测管理方法。

现场监测数据为Excel表格的编制格式，通过读取表格监测数据生成当天或一个监测时间点的基坑围护结构侧向变形3D模型，为了便于观察变形情况，将侧向变形值放大1000倍。将该模型链接至Revit中可以直观地查阅变形位置、变形趋势。

将变形模型与初始模型进行校核，变形结果采用色谱图方式表达，并根据监测要求设置变形警报值，超过警报值以红色显示。当变形模型出现红色则监理、监测、管理人员根据报警位置查看正式监测报告进行复核，并采取相应措施。

每天或每一时间点的变形模型以时间轴贯穿，则可以形成一段时间内的5D变形监测动画，通过动画可以判断基坑围护变形在时间维度上的变

监测信息化与BIM结合示意图

谷歌眼镜用于现场监理

查看基坑内部情况及变形历史5D动画

形分布情况，监理、监测人员可以根据历史变形预测今后一段时间内的变形趋势，有利于相关人员做好预警措施，同时对施工进度、工序的安排起到辅助作用。

3）监测信息化与BIM的结合

基坑工程建设过程中采用天安自动化监测系统将监测信息化与BIM技术结合，以工程安全管理为出发点，实现现场数据采集、远程自动化监测、数据处理及报表生成、预报警分析提醒、云端数据管理、监测成果发布、手持移动终端查询管理以及多工程监控的一体化管理，并具有以下优势：

（1）全天候高密度自动化数据采集；

（2）数据由现场传感器汇总至采集箱后，通过无线网络手段直接发送至部署的云端服务器，统一管理；

（3）引入自定义计算技术，实现原始数据采集后的成果计算；

（4）预报警技术，可灵活定制预报警体制，及时以短信的方式通知用户；

（5）数据发布浏览，随时打开WEB系统查看监测数据曲线情况，并可进行任意时段的监测数据下载；

（6）结合Google Glass技术实现远程监视及指挥。

4）Google Glass技术在基坑工程中的应用

在对基坑进行变形监测的同时，基坑巡视是基坑安全必不可少的手段。通过巡视，可以及时、直观地观察到地表裂缝、塌陷等表象，对基坑的局部稳定性的判断起着不可替代的作用。一旦发现异常应作好记录，严密观察其变化情况，同时及时向项目部汇报。项目部接到报告后应立即作出反应，分析其原因，并根据对基坑安全的影响

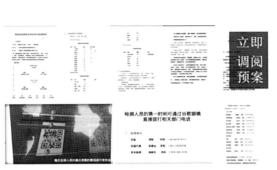
调阅应急预案

现场分析抢险措施

程度制定有效控制措施，以防止形势恶化、危及基坑的安全。

该项目采用第二代Google Glass硬件技术，自主开发了适合土木建筑应用的APP软件，该项目采用的佩戴式的谷歌眼镜替代了传统的手持式便携媒体设备，使项目参与人员解放双手，能同时查看BIM模型和现场实际情况。在指导、参与现场应急抢险工作时，Google Glass结合AR技术提供了针对不同情况、不同位置、不同条件下处置现场情况的触发机制，可以使监测员按上海市建筑工程安全质量管理条例的规定快速观看险情，快速调取应急预案，快速按预案中的复测操作动画进行复测。经过复测证实险情后，直接按眼镜中显示的报警电话号码语音拨打报警电话进行报警，然后再按眼镜中预存的抢险操作规程的操作分解动画作为指导，第一时间协同各参与方进入抢险工作状态。

## 7. 总结

BIM的最大特点是信息的集成。模型的建立是BIM应用的基础，BIM模型数据的应用才是BIM技术的核心，只有对建立的BIM模型结合项目特点进行有效的应用才能使BIM技术具有生命力，才能使BIM技术真正融入项目建设的全过程中。

本项目基于BIM的基坑5D监测及新型呈现技术的应用使基坑建设过程中模型中的安全监测数据依靠可视化、自动化手段提高了基坑监理、监测的工作效率，有效地降低了安全监测过程中的人为风险。该项目采用的AR、VR、Google Glass等新型呈现技术和移动媒体设备使监理、监测人员对基坑施工过程的安全监控更加有效。它不但探索了基坑安全监测的新方法，为BIM技术在基坑工程建设全过程的应用提供了具有实用价值的参考，同时也是建设监理行业在业务拓展和技术提升两个层面上的一个成功探索。

党的十八届三中全会提出了充分发挥市场在资源配置中的决定性作用和深化行政管理体制改革的指导思想和工作要求，这必将对定位于咨询服务业的监理行业发展产生重大的影响。具有中国特色的建设监理制度在我国是一种创举，在工程建设过程中对保证工程质量安全起到了巨大的保障作用，但随着建筑业的发展和社会需要也有很多方面不够完善，限制了行业及企业的发展。面对改革发展的要求，如何全面分析行业发展面临的新形势、新任务，指导和促进行业发展，针对工业部门监理企业特点，协会布置工业部门监理协会（分会、委员会）开展了课题研究工作。工业部门监理协会（分会、委员会）成立了课题研究小组，在组长单位中国铁道工程建设协会、中国电力企业协会和中国建设监理协会水电监理分会组织领导下，二十多个行业监理协会（分会、委员会）及其监理会员单位的广大监理同行的支持下，经过近五个月的撰写、评审、修改、再评审过程，在专家阅评的基础上，最终完成了《行政管理体制改革对监理行业发展的影响和对策研究》分报告。该报告凝聚了工业部门监理协会（分会、委员会）二十多个行业

监理同行的智慧和精力，突出了工业部门监理工作的特点，分析了行政管理体制改革对监理行业和监理工作的影响，反映了监理行业协会、监理企业当前形势下的诉求，提出了相关的意见和建议。这是一篇政策性、理论性、指导性较强的报告，对于广大监理企业和监理人员统一思想、深化改革、促进发展有着积极的意义和作用，可以作为政府部门行政体制管理改革、监理行业协会改革的参考，也可为广大监理企业为适应这种改革和影响而采取相应对策提供参考建议。值得关心监理行业和监理工作的各级领导、同行和广大监理人员一读。

在这里，中国建设监理协会要向工业部门二十多家监理协会（分会、委员会）的同行以及广大的工业部门监理企业和有关同志的辛勤而有效的工作表示感谢。在此我们将连载这一研究报告，希望广大监理人员了解、借鉴和吸收有关改革精神，指导和促进监理行业和企业的健康发展。

修璐

中国建设监理协会副会长兼秘书长

2014年10月

# 行政管理体制改革对监理行业发展的影响和对策研究工业部门分报告（上）

根据中国建设监理协会的部署要求，工业部门监理协会（分会、委员会）4月7日开始启动，针对国家行政管理体制改革对工业部门监理企业发展的影响和对策研究课题，进行了调研。

工业部门监理协会（分会、委员会）成立了课题工作小组，认真组织学习了党的十八届三中全会关于深化改革的若干决定等重要文件，派员到民政部和兄弟协会（中国工程咨询协会和中国工程勘察设计协会）等部门进行调研取经，了解国家改革社团管理的形势、行业协会发展的前景，对协会改革情况作出评估，了解咨询工程师资质管理改革的具体实施情况以及中国勘察设计协会对当前行政体制改革的应对措施。

工业部门监理协会（分会、委员会）课题工作小组召开了六次不同层次的有60多人次参加的研讨会，向20家工业部门监理协会（分会、委员会）发放了调查问卷，收到了15家协会（分会、委员会）关于本行业本系统的监理企业诉求、期望、意见和建议，以及2713家监理企业的基本情况调查表。在此基础上课题工作小组进行了梳理研究，分工合作，几易其稿，形成了"行政管理体制

改革对监理行业发展的影响和对策研究"行业分报告。7月20日，召开有关专家、工业部门监理协会（分会、委员会）负责人参加的课题研究报告评审会，再次吸纳大家的意见，形成了正式上报的工业部门课题研究分报告。

## 一、国家行政管理体制改革发展趋势

建设有中国特色的社会主义市场经济体制，经过30多年的探索与实践，既取得了举世瞩目的辉煌成绩，又面临可持续发展的巨大难题。国务院总理李克强明确表态指出："当前改革已进入攻坚期和深水区，必须紧紧依靠人民群众，以壮士断腕的决心、背水一战的气概，冲破思想观念的束缚，突破利益固化的藩篱，以经济体制改革为牵引，全面深化各领域改革。"可见改革的阻力之巨大、前进的步伐之艰难。改革的主要障碍来自政府"利益部门"、社会"利益集团"，但是真正意义的社会主义市场经济体制，其市场化程度一定是全方位的，必须冲破利益的牢笼。首当其冲的是政府行政

管理体制的改革，而政府管理职能的转变是政府行政管理体制改革的核心内容。以市场为取向的经济体制改革，使政府职能由行政管制型、经济建设型向公共服务型的转变势在必行。

对于我国工程监理咨询行业来讲，客观分析和正确把握党和政府全面深化改革的政治决心和勇气，顺应政府行政体制改革的趋势，抓住政府职能转变的时机，谋求工业行业协会和监理行业的发展，是行业协会承接转移、有所作为的重要历史机遇。根据我们的理解以及与监理行业的关联度，我们认为国家行政管理体制改革发展趋势主要可以从以下五个方面进行分析和判断：

# （一）资源配置市场化

经过三十多年的改革开放和经济体制的改革，我国的市场化程度有了较大的提高，但是在总量上仍然较低。党的十八届三中全会指出：必须积极稳妥从广度和深度上推进市场化改革，大幅度减少政府对资源的直接配置，推动资源配置依据市场规则、市场价格、市场竞争实现效益最大化和效率最优化。

## 1. 市场决定资源配置

《中共中央关于全面深化改革若干重大问题的决定》（以下简称《决定》）是党和政府再次吹响的改革号角，是我国最高决策层作出的全面深化改革的行动纲领，其深度和广度涉及政府、行业、企业等各个方面。《决定》提出："经济体制改革是全面深化改革的重点，核心问题是处理好政府和市场的关系，使市场在资源配置中起决定性作用和更好发挥政府作用。""市场决定资源配置是市场经济的一般规律，健全社会主义市场经济体制必须遵循这条规律，着力解决市场体系不完善、政府干预过多和监管不到位问题。"企业作为市场经济的主体，遵循市场经济规律是必然的选择。

监理业务和监理资源是重要的市场要素，必定由市场决定其配置。监理业务在建设项目管理中调整角色，监理业务的内容必须与市场需求相匹配；

监理人力资源在监理工作中应起决定性作用，监理人力资源的配置必将在市场中通过竞争来实现。

## 2. 市场体系统一开放

《决定》提出："建设统一开放、竞争有序的市场体系，是使市场在资源配置中起决定性作用的基础。必须加快形成企业自主经营、公平竞争，消费者自由选择、自主消费，商品和要素自由流动、平等交换的现代市场体系，着力清除市场壁垒，提高资源配置效率和公平性。"

建立竞争有序和开放的监理咨询市场，有利于建设项目投资方采购适宜的监理咨询服务，有利于监理咨询行业的发展，为中国监理咨询企业"走出去"提供了机会。

## 3. 市场决定价格体系

《决定》提出："完善主要由市场决定价格的机制。凡是能由市场形成价格的都交给市场，政府不进行不当干预。推进水、石油、天然气、电力、交通、电信等领域价格改革，放开竞争性环节价格。"企业作为市场经济的主体，遵循市场规律就是遵循价格规律。

市场价值规律决定价格的走向。市场需求决定着采购服务的规模，投资方对监理咨询服务价值的认可度决定着采购价格，服务质量决定着价格水平。

最近，《国家发展改革委关于放开部分建设项目服务收费标准有关问题的通知》（发改价格[2014]1573号）指出："放开除政府投资项目及政府委托服务以外的建设项目前期工作咨询、工程勘察设计、招标代理、工程监理等4项服务收费标准，实行市场调节价。采用直接投资和资本金注入的政府投资项目，以及政府委托的上述服务收费，继续实行政府指导价管理，执行规定的收费标准；实行市场调节价的专业服务收费，由委托双方依据服务成本、服务质量和市场供求状况等协商确定。"

这个通知说明，政府将逐步放弃市场竞争的主导地位，形成监理咨询市场开放格局，促进监理咨询行业的健康发展。

## （二）市场规则透明化

市场经济就是法治经济，市场主体是按照市场规则进行经营活动的。公开透明的市场规则是公平竞争的前提和基础。

### 1. 公开透明的市场规则

《决定》提出："建立公平开放透明的市场规则。实行统一的市场准入制度，在制定负面清单基础上，各类市场主体可依法平等进入清单之外领域。"

《决定》首次用"透明"替代"公开"。分析"公开"与"透明"的含义，可以发现，"公开"是一个行为，而"透明"是一种结果，也就是说，公开到一定程度时才是透明。这种改变是我国市场规则建设思路的一个重大转变。

在政府的指导下，通过法定的法律程序，制定符合国家法律法规的、公开透明的市场规则，破除条块分割和地方壁垒形成的市场保护，取消或降低准入门槛，保护所有企业和个人在市场环境中的合法利益。

### 2. 公正统一的市场监管

《决定》提出："改革市场监管体系，实行统一的市场监管，清理和废除妨碍全国统一市场和公平竞争的各种规定和做法，严禁和惩处各类违法实行优惠政策行为，反对地方保护，反对垄断和不正当竞争。建立健全社会征信体系，褒扬诚信，惩戒失信。健全优胜劣汰市场化退出机制，完善企业破产制度。"

2014年6月，《国务院关于促进市场公平竞争维护市场正常秩序的若干意见》提出了完善市场监管体系，促进市场公平竞争，维护市场正常秩序的实施意见。

监理企业作为建设市场的主体之一，在遵守市场规则的过程中，非常期望有严格的市场监管和淘汰机制，在公平的市场竞争中，提升企业的市场地位，激发活力，推动市场发展。公平统一的市场监管是优胜劣汰的重要环节。

### 3. 公平统一的信息平台

《国务院机构改革和职能转变方案》提出：整合工程建设项目招标投标、政府采购等平台，建立统一规范的公共资源交易平台。整合业务相同或相近的检验、检测、认证机构。推动建立统一的信用信息平台。

推进监理企业信用标准化建设，完善信用信息征集、存储、共享与应用等环节的制度，推动地方、行业信用信息系统建设及互联互通，构建市场主体信用信息公示系统，强化对市场主体的信用监管。监理企业与监理人员的诚信体系将随着统一的信息平台的建设而逐步完善。

## （三）政府职能宏观化

从国家治理的角度来说，政府管理是宏观的，社会管理(市场)是微观的。政府部门治理社会的精力和能力有限，不可能对行业和企业的发展进行直接管理，只能通过宏观调控来对市场进行管理。政府部门的主要职责是建立必要的法律法规和制度，用经济政策调控、规范市场，运用财政、金融、收入分配等经济杠杆，调节市场运行。发挥行业协会等社会组织解决市场结构、行业管理问题的功能与作用，建立规范市场秩序和竞争机制。

### 1. 简政放权，减少审批

《决定》提出："全面正确履行政府职能。进一步简政放权，深化行政审批制度改革，最大限度减少中央政府对微观事务的管理，市场机制能有效调节的经济活动，一律取消审批，对保留的行政审批事项要规范管理、提高效率；直接面向基层、量大面广、由地方管理更方便有效的经济社会事项，一律下放地方和基层管理。"

《国务院机构改革和职能转变方案》指出："除依照行政许可法要求具备特殊信誉、特殊条件或特殊技能的职业、行业需要设立的资质资格许可外，其他资质资格许可一律予以取消。按规定需要对企业事业单位和个人进行水平评价的，国务院部门依法制定职业标准或评价规范，由有关行业协会、学会具体认定。"

对监理企业来说，取消企业执业资质行政审批权和取消个人执业注册行政审批权，有利于激发企业活力，有利于激发监理人员重业绩、重诚信的社会责任心，有利于资源配置实现优化，有利于优质资源向管理先进的监理企业转移，也有利于提高监理企业核心竞争力，有利于打破垄断、公平竞争，形成真正的市场环境。可以从根本上解决有些监理资质低的企业依附于其他监理资质高的企业和买卖、挂靠等不正当行为。

### 2. 完善宏观调控体系

《国务院机构改革和职能转变方案》提出："强化发展规划制订、经济发展趋势研判、制度机制设计、全局性事项统筹管理、体制改革统筹协调等职能。完善宏观调控体系，强化宏观调控措施的权威性和有效性，维护法制统一、政令畅通。消除地区封锁，打破行业垄断，维护全国市场的统一开放、公平诚信、竞争有序。"

社会管理特别是行业管理，是微观领域最复杂、最直接的具有市场性质的管理，管理难度最大。政府的宏观管理相对滞后，只能是事后调整；调控各种经济参数，也存在时滞，只有通过社会组织比如行业协会的管理，才能及时应对和解决市场出现的种种问题。行业协会具有跨地区、跨部门、跨所有制的特点，可以涵盖全社会同行业企业；行业协会了解熟悉情况，才能够为政府制定政策提供决策依据和意见；行业协会比较超脱，它与企业没有行政隶属关系，能体现公平公正原则，既可以协助配合政府贯彻方针政策，又可以避免不必要的行政干预。行业协会是社会（市场）管理的代表，在微观领域（市场）中起着不可替代的作用。

## （四）企业地位主体化

经济学认为：市场经济的最根本主体就是企业。在市场经济条件下，企业是最基本、最重要的市场活动的主体，是市场机制运行的微观基础。建立社会主义市场经济体制，关键在于重塑社会主义市场经济的主体。要培育适合社会主义市场经济发展的市场主体，发挥企业在市场经济中的经济功能和社会职能。

### 1. 完善现代企业制度

《决定》提出：推动国有企业完善现代企业制度。国有企业属于全民所有，是推进国家现代化、保障人民共同利益的重要力量。国有企业总体上已经同市场经济相融合，必须适应市场化、国际化新形势，以规范经营决策、资产保值增值、公平参与竞争、提高企业效率、增强企业活力、承担社会责任为重点，进一步深化国有企业改革。

监理行业是在我国工程建设领域和经济体制进行改革的背景下出现的新型行业。根据监理企业的性质和特点，实行现代企业制度是监理企业适应市场经济生存的关键措施。

完善的现代企业制度会使监理资源自然合理地流动到实力强、信誉好的企业，管理先进的监理企业，提高监理企业的核心竞争力，取得建设项目业主和市场的认可和信赖，为保障工程建设的质量和安全奠定良好的基础。

### 2. 增强企业的自主性

《决定》提出："支持非公有制经济健康发展"，"坚持权利平等、机会平等、规则平等，废除对非公有制经济各种形式的不合理规定，消除各种隐性壁垒，制定非公有制企业进入特许经营领域具体办法。"从政策和制度上为非公有企业的发展创造条件，将更加激发非公有制经济的自我发展的活力。从法律和政策上来看，为非公有制企业与公有制企业在市场竞争中回到同一起跑线上提供了可能性。因此，由多种体制企业构成的监理咨询行业在发展中的自主性将会得到增强。

监理工作的宗旨是"独立、公正、公平、科学"，要实现该宗旨，监理企业的独立自主是最重要的。增强企业的自主性，就是增强监理工作的自主性。

### 3. 放宽企业设立的条件

改革工商登记制度为企业的设立提供了更加宽松的条件。《国务院机构改革和职能转变方案》

提出："对按照法律、行政法规和国务院决定需要取得前置许可的事项，除涉及国家安全、公民生命财产安全等外，不再实行先主管部门审批、再工商登记的制度，商事主体向工商部门申请登记，取得营业执照后即可从事一般生产经营活动；对从事需要许可的生产经营活动，持营业执照和有关材料向主管部门申请许可。将注册资本实缴登记制改为认缴登记制，并放宽工商登记其他条件。"

宽松的设立条件意味着一大批新的企业即将诞生，市场经济的主体多元化，市场竞争更加激烈。因此，市场规范和行业管理将有更广泛的空间。在政府加强监管的同时，协会的作用更加重要。

## （五）协会的社会监督管理作用明朗化

我国行业协会与改革开放同行，走过了一个从无到有、艰苦创业、不断发展的过程，行业协会参与社会管理能力得到了较大提高。按照十八届三中全会深化行政体制改革的精神，能通过社会化管理解决的，政府不再参与。因此，我国的监理咨询行业协会成为监理管理创新改革的重要组成部分，其在建设市场经济发展中的作用得到提升，社会管理地位更加明确。

### 1. 重点培育，优先发展协会

2007年，国务院办公厅专门下发了《关于加快推进行业协会商会改革和发展的若干意见》，对拓展行业协会职能、推进行业协会管理体制改革、加强行业协会自身建设、完善扶持政策等方面作出了明确规定。2014年，《国务院机构改革和职能转变方案》提出改革社会组织管理制度，行业协会商会是重点培育、优先发展对象。

《决定》提出："激发社会组织活力。正确处理政府和社会关系，加快实施政社分开，推进社会组织明确权责、依法自治、发挥作用。适合由社会组织提供的公共服务和解决的事项，交由社会组织承担。"

对监理行业协会来说，要在政府的引导下，调整组织结构，改进治理方式。行业协会应进行管理创新改革，要不断完善提高自身能力，促进市场自我管理、自我规范、自我净化。

### 2. 理顺关系，优化协会结构

行业协会自身要改革和发展，要按照社会主义市场经济体制的总体要求，采取理顺关系、优化结构，改进监管、强化自律，完善政策、加强建设等措施，逐步建立体制完善、结构合理、行为规范、法制健全的行业协会体系。

坚持市场化方向。通过健全体制机制和完善政策，创造良好的发展环境，优化结构和布局，提高行业协会素质，增强服务能力。

坚持政社分开。理顺政府与行业协会之间的关系，明确界定行业协会职能，改进和规范管理方式；坚持培育发展与规范管理并重，行业协会改革与政府职能转变相协调。

### 3. 凸显协会的承上启下作用

各级政府及其部门转变职能，把不属于政府的职能委托或转移给行业协会。在出台涉及行业发展的重大政策措施前，应主动听取和征求有关行业协会的意见和建议。行业协会要努力适应新形势的要求，改进工作方式，深入开展行业调查研究，积极向政府及其部门反映行业、会员诉求，提出行业发展和立法等方面的意见和建议，积极参与相关法律法规、宏观调控和产业政策的研究、制定，参与制订、修订行业标准和行业发展规划，完善行业管理，规范市场行为，促进行业发展。

监理行业协会与政府脱钩是实现市场化资源配置的有效途径。行业协会是我国改革开放的产物。随着国家行政管理体制改革的深入，对行业协会的桥梁和纽带作用提出了更高的要求，要为政府和企业提供翔实的服务。

（未完待续）

# 保持工程监理竞争优势，创建有公信力的一流工程管理公司

北京兴电国际工程管理有限公司 张铁明

## 一、人无远虑、必有近忧

在激烈的市场竞争的海洋中，作为以工程监理为基础发展起来的北京兴电国际工程管理有限公司（以下简称兴电国际），已经走过20周年。兴电国际从零开始，经历了起步、成长、提升、发展及巩固五个阶段，实现了持续稳定的发展，完成了企业发展的第一次突破，面对复杂多变的市场环境，兴电国际如何不迷失自己，并具有更加旺盛的生命力和可持续发展的活力，就需要通过战略规划，明确企业发展的航标，从而从容不迫地构筑企业的核心竞争力，在兴电国际发展的崭新阶段，实现企业发展的第二次突破。

## 二、水在变化，鱼在思考

### 1. 建设监理行业发展的政策环境

建设监理制度作为建设领域的基本制度在我国已实行25年，《建筑法》（1998年）等相关的法律明确了工程监理制度的法律地位，使得我国工程监理制度体现了国家监督管理制度的基本属性。

《建设工程质量管理条例》（2000年）、《建设工程安全生产条例》（2004年）等相关法规明确了工程监理对建设工程质量管理及安全生产管理的法律责任和权力。

住房城乡建设部发布的《关于培养发展工程总承包和工程项目管理企业的指导意见》（2003年）及《关于推进大型工程监理单位创建工程项目管理公司的指导意见》（2008年）等相关规章，鼓励培养发展项目管理企业，鼓励工程监理企业在同一项目中提供包括项目管理与工程监理在内的一体化服务，鼓励具有全过程管理能力、具备完善的组织机构、具有完善的管理体系和资质条件、具备丰富的人才资源和社会责任的大型监理企业向包括工程监理、招标代理、造价咨询在内的全过程工程项目管理公司发展，明确了行业发展方向。

### 2. 建设监理行业发展的市场环境

（1）工程监理面临的市场环境恶劣，风险加大。《建设工程安全生产管理条例》只是对监理企业在安全生产中的职责和法律责任作了原则上的规定，但一些地方和部门把监理的安全责任无限扩

大，实力不足的小监理企业通常采用低取费的手段进行恶性竞争。这些致使监理行业收费有限，责任无限，且项目业主对工程监理的期望和要求不断提高，工程监理行业逐渐成为高风险行业。

（2）工程监理市场面临条块分割，造成多重资质，使企业应接不暇，疲于奔命。如工程监理具备一个住房城乡建设部综合资质还不够，还需具备人防办、信息产业部、保密局、质检总局、交通部等部门的诸多专项资质。

（3）地方保护和行业保护设置的市场壁垒，阻碍了全国统一开放的建筑市场的形成，使得监理企业走出去困难重重。住房城乡建设部《关于做好建筑企业跨省承揽业务监督管理工作的通知》（2013年），内容非常好，但效果尚不明显。

（4）招标代理、造价咨询及项目管理的市场需求增大。

### 3. 建设监理行业现状

随着我国市场经济的发展、建设项目组织实施方式的改革以及全球经济的一体化，工程监理行业面临前所未有的机遇和挑战，同时也面临着寻求生存和发展之路的困难和问题。

（1）行业规模

注册监理工程师数量严重不足，监理工程师分级管理势在必行。至2012年底，全国共有监理企业6605家，全行业收入1717亿元，从业人员82万余人，注册监理工程师近11.8万余人。其中北京监理企业291家，行业收入约314亿元，从业人员6.8万余人，注册监理工程师近0.87万人（其中在岗注册监理工程师约占60%），平均每个工程在岗注册监理工程师不足0.4人，注册监理工程师数量远不能满足工程需要。

（2）业务范围

大部分监理企业的业务范围过于单一，制约着监理企业发展和壮大。

由于受整个社会环境、建筑水平和行业内企业自身素质的影响，大多数监理企业的科学性、独立性、公正性和智力密集型很难得到体现，工程监理从项目管理成为现实中的监工。监理企业的业务范围的单一，造成人才的需求渠道相对狭窄，不利于人才的吸收与培养。业务范围的单一，也容易造成利润来

北京第一高楼中国国际贸易中心三期A阶段（高330m，单体30万㎡）

沈阳华润中心

北京银峰SOHO

中国国际贸易中心三期B阶段（高280m，单体23万㎡）

源的相对单一，抵御市场风险的能力也明显减弱。这也严重制约着中国监理企业的发展和壮大。

（3）大型监理企业的出路和发展方向的探索

在激烈的市场竞争中突出重围的大型监理企业，在向具有工程监理、招标代理、造价咨询能力和资质的全过程全方位工程项目管理企业发展。

## 三、兴电国际发展状况和战略目标

兴电国际成立于1993年，是央企中国电力工程有限公司的全资子公司。伴随着我国建设监理事业的发展，公司已走过了五个发展阶段，即艰苦创业、潜心实干的起步阶段，强化管理、扩展市场的成长阶段，创优争先、树立形象的提升阶段，品牌建设、持续发展的发展阶段，以及健康持续、四轮驱动的巩固发展阶段。

对应公司发展的五个阶段，我们在相应的发展阶段得到的启示是：

（1）桃子是需要跳起来摘的，公司的发展得益于团结拼搏。

（2）质量体系认证是提升公司管理水平的最佳途径。

（3）适时更名，以战略规划引领业务发展。

（4）市场、人才、管理三个重要环节形成了公司整体优势，是公司持续发展的保证。

（5）建设具有公信力的一流的工程管理公司，要有一流的资质、一流的业绩及一流的人才。

目前公司已拥有各类专业技术和管理人员共500余人，具有国家工程监理综合资质、人防工程监理甲级资质、工程招标代理甲级资质、政府采购招标代理甲级资质及中央投资项目招标代理甲级资质。公司已建立了完整的三标一体化的管理体系，业务范围已覆盖工程监理、造价咨询、招标代理和项目管理。

根据公司外部环境和公司的现状分析，公司确立了建设具有公信力的一流工程管理公司的愿景。战略定位为：打造中国电工的工程管理板块，在面向市场的同时实现与中国电工的战略协同。战略目标为：顺应行业发展趋势，立足北京，面向全国，走向世界。围绕核心业务工程监理，做大项目管理、招标代理和造价咨询。通过工程监理、项目管理、招标代理、造价咨询"四轮驱动"，形成工程管理的完整价值链，构成完整的工程管理板块，向成熟的全过程工程管理公司发展，实现公司的可持续健康发展。

## 四、保持工程监理优势

二十多年来，工程监理的作用已得到建设领域和社会的认可，虽然目前监理行业存在着许多制约行业进一步发展的因素，但它仍然是我国目前建设工程施工阶段工程咨询服务行业的主要内容。

从兴电国际的实际情况看，工程监理仍然是兴电国际生存和发展的基础。在工程监理领域，保持工程监理的竞争优势地位，向高端项目拓展，形成超高层工程监理的核心竞争力。我们在北京第一高楼——中国国际贸易中心三期工程（共53万m²，其中A阶段：高330m，单体30万m²；B阶段：高280m，单体23万m²）项目监理中，加大了超高层建筑监理人员的锻炼和培养力度，结合创建学习型企业和学习型项目部的活动，总结超高层建筑监理的特点和经验。凭借该项目的业绩和经验，我们又相继承接了沈阳华润中心（高220m，70万m²，城市综合体，含超高层酒店和超高层公寓）、沈阳（华润）置地广场、沈阳嘉里中心、北京银峰SOHO、北京中央公园广场、北京丰台科技园商业综合体、厦门港务大厦等大型超高层建筑。

与此同时，兴电国际充分发挥在房屋建筑、市政公用、工业及电力等行业优势，扩大市场份额。市场拓展上，立足北京，面向全国，走向国际。

## 五、拓展工程项目管理业务

兴电国际作为从设计单位延伸出来的工程管理企业，对工程项目的前期工作、设计工作比较了解，又有二十年工程监理经验，还具有运行多年信誉良好的招标代理机构，在工程监理造价控制人员的基础上成立的造价咨询部，也已在工程造价领域小有影响，因此已具备了开展全过程工程项目管理的基础，在拓展项目管理业务上有着自身独特的优势。近几年我们在开拓工程项目管理业务方面重点做了下面几项工作：

（1）通过全过程工程项目管理项目，积累业绩，总结经验，培养人才。

兴电国际承接的43万m²的外交部和谐雅园工程项目管理业务。建设单位仅派出6位同志，具体工作都交给项目管理部完成。公司派出了强有力的项目管理团队，在项目的前期工作、设计方案竞赛、设计招标等工作中，建设单位看到了项目管理团队的工作态度和效率，管理团队取得了业主的信任。开始建设单位对同一单位既承担项目管理又

外交部和谐雅园（建筑面积43万m²）

北京中央公园广场

承担监理有顾虑。公司及时与他们沟通，方案是项目管理和监理是一个单位，两个相对独立的工作团队，并列举了全过程项目管理的优点，提供了住房城乡建设部、北京市鼓励全过程项目管理的相关文件，最后公司取得了该项目的工程监理任务。该工程是兴电国际承接的包括项目管理、造价咨询、招标代理、工程监理全部内容的全过程工程项目管理的大型工程项目。由于各方的努力和配合，从设计招标、前期工作到工程竣工、交付使用，仅用了33个月，得到外交部领导的好评。此后，外交部又按此模式，将外交部五洲家园项目委托兴电国际承担全过程项目管理。

（2）建立和完善工程项目管理业务的管理体系

要做好工程项目管理工作，必须有一套完整的管理体系，并纳入三标一体化的管理体系之中。为此，我们总结了公司开展项目管理等工程服务的实践，按照国家有关政策、法规、工程管理的理论，结合公司的实际，建立和完善了《建设工程项目管理提供过程控制程序》、《建设工程监理服务提供过程控制程序》、《招标（采购）代理服务提供过程控制程序》、《建设工程全过程造价咨询服务提供过程控制程序》等四个业务范围的程序文件。为规范项目管理业务，公司还发布并实施了《项目管理实施规划编写要求》等13个工程项目

国家体育总局自行车击剑运动管理中心

兴电国际档案室

赤道几内亚国家电网工程

北京乐都汇购物广场

中国航信高科技产业园区（总投资58亿元）

海南和风江岸项目（建筑面积58万m²）

管理工作标准，并修改完善了相应的《员工考核管理办法》，把工程项目管理业务纳入公司的管理体系，使其程序化、规范化，逐步完善和提高公司工程项目管理的服务水平。

（3）做大项目管理、招标代理、造价咨询板块，形成完整的工程管理板块。

随着市场需求的变化，公司在人才引进和培养、组织机构设置和市场拓展等方面，发挥公司综合优势，加大创新力度，做大项目管理、造价咨询和招标代理板块。

近年来，在项目管理板块，我们又承接了中国新时代健康产业集团科研基地、北京天宇朗通产业基地工程（5万m²）、国管局锅炉房改造工程、北京乐都汇购物广场（82000m²）、北京中关村欧美汇购物中心ECMMALL和ECM写字楼精装修工程（综合商业中心项目，11万m²）、中国原子能科学研究院职工住宅等多项各种类型的工程项目管理业务。设计院及国际化的背景，多元化的复合型人才及自有专家组的专业化技术支持，使兴电国际对工程项目管理具有扎实的基础和前瞻性的把控。

伴随着我国工程总承包走出去战略的实施，兴电国际在积极拓展国内业主方项目管理的同时，充分依托中国电工及国机集团的海外优势、积极探索总承包方的项目管理，先后在赤道几内亚国家电网、科特迪瓦国家电网、老挝洪沙燃煤电站等国际工程中实践工程总承包方的项目管理，积累了一定的经验。

在招标代理板块，我们先后承接了国家体育局自行车击剑运动管理中心、中国中医科学院广安门医院、中国国家话剧院、中央直属肉冷库工程、北京英特宜家购物中心、青岛新河生态化工科技产业基地、中国钢研科技集团厂房工程、泰康之家项目等较大工程的招标代理业务。兴电国际已连续两届成为全国招标代理机构诚信创优先进单位。

北京英特宜家购物中心（建筑面积51万m²）

外交部五洲家园

在造价咨询板块，近两年公司承接了中国航信高科技产业园区（总投资56亿元）、中国纪检监察学院、海南省公务员住宅海口和风江岸、中国印钞造币总公司海口华森厂房项目、北京孔雀城工程等大型项目的全过程造价咨询项目。丰富的实践经验和公司强有力的技术支持体系，成为兴电国际为顾客提供优质高效的造价咨询服务的有效保证。

## 六、开展工程项目管理工作面临的几个问题

1. 目前兴电国际开展的工程项目管理大多是受建设单位委托，协助建设单位对工程建设项目进行管理，管理的范围、深度变化较大。《建设工程项目管理规范》GB/T 50326-2006，对这类工程

项目管理工作的指导，实用性较差。国家对工程项目管理业务的管理制度尚不够完善。

2. 国家和行业对工程项目管理无取费指导意见，业主任意压价。工程项目管理业务市场准入门槛低，易形成恶性竞争，这将会严重影响工程项目管理行业的健康发展。

3. 造价咨询资质的大门向国企关闭，虽然工程监理业务范围已包括造价控制。住房城乡建设部《工程造价咨询企业管理办法》（2006年部令第149号）规定，工程造价咨询企业出资人中，注册造价工程师人数不低于出资人总人数的60%，且出资额不低于企业注册资本的60%。

## 七、结束语

兴电国际创建有公信力的一流工程管理公司的目标已经确立，但内部和外部面临的困难还很多。要将良好的发展设想转变为未来的现实，需要我们抱定目标不放松，提高组织执行力，整合各方力量和资源，借鉴兄弟单位的经验，努力将兴电国际建设成为具有公信力的一流工程管理公司。顾客的成功，将见证兴电国际实现员工和企业抱负的能力。

| | | | |
|---|---|---|---|
| 北京市建设监理协会 | 京兴国际工程管理有限公司 | 北京兴电国际工程管理有限公司 | 北京五环国际工程管理有限公司 |
| 北京海鑫工程监理公司 | 中国水利水电建设工程咨询北京有限公司 | 鑫诚建设监理咨询有限公司 | 北京赛瑞斯国际工程咨询有限公司 |
| 山西省建设监理协会 | 山西省建设监理有限公司 | 山西煤炭建设监理咨询公司 | 山西和祥建通工程项目管理有限公司 |
| 太原理工大成工程有限公司 | 山西省煤炭建设监理有限公司 | 山西震益工程建设监理有限公司 | 山西神剑建设监理有限公司 |
| 山西共达建设工程项目管理有限公司 | 晋中市正元建设监理有限公司 | 运城市金苑工程建设监理有限公司 | 浙江江南工程管理股份有限公司 |
| 合肥工大建设监理有限责任公司 | 厦门海投建设监理咨询有限公司 | 郑州中兴工程监理有限公司 | 中汽智达（洛阳）建设监理有限公司 |
| 武汉华胜工程建设科技有限公司 | 长沙华星建设监理有限公司 | 中国水利水电建设工程咨询中南有限公司 | 广州宏达工程顾问有限公司 |
| 广东国信工程监理有限公司 | 深圳大尚网络技术有限公司 | 深圳科宇工程顾问有限公司 | 重庆赛迪工程咨询有限公司 |
| 重庆联盛建设项目管理有限公司 | 重庆华兴工程咨询有限公司 | 贵州建工监理咨询有限公司 | 云南省建设监理协会 |
| 西安高新建设监理有限责任公司 | 西安铁一院工程咨询监理有限责任公司 | 西安普迈项目管理有限公司 | 西安四方建设监理有限公司 |

# 《中国建设监理与咨询》征稿启事

《中国建设监理与咨询》(原《中国建设监理》)是由中国建设监理协会与中国建筑工业出版社合作出版的连续出版物，侧重于监理与咨询的理论探讨、政策研究、技术创新、学术研究和经验推介，为广大监理企业和从业者提供信息交流的平台，宣传推广优秀企业和项目。

一、栏目设置：政策法规、行业动态、人物专访、监理论坛、项目管理与咨询、创新与研究、企业文化、人才培养。

二、投稿邮箱：ZGJSJL200907@sina.com，投稿时请注明电话和联系地址等内容。

三、投稿须知：

1. 来稿要求原创，主题明确，观点新颖，内容真实，论据可靠，图表规范，数据准确，文字简练通顺，层次清晰，标点符号规范。

2. 作者确保稿件的原创性，不一稿多投，不涉及保密，署名无争议，文责自负。本编辑部有权作内容层次、语言文字和编辑规范方面的删改。如不同意删改，请在投稿时特别说明。请作者自留底稿，恕不退稿。

3. 来稿按以下顺序表述：①题名；②作者(含合作者)姓名(单位、省市、邮编)；③摘要(300字以内)；④关键词(2-5个)；⑤正文；⑥参考文献。

4. 来稿以3500～5000字为宜。

5. 来稿经录用刊载后，即免费赠送作者当期《中国建设监理与咨询》一本。

本征稿启事长期有效，欢迎广大监理工作者和研究者积极投稿！

## 欢迎订阅《中国建设监理与咨询》

《中国建设监理与咨询》面向各级建设主管部门和监理企业的管理者和从业者，面向国内高校相关专业的专家学者和学生，以及其他关心我国监理事业改革和发展的人士。

《中国建设监理与咨询》内容主要包括监理相关法律法规及政策解读，监理企业管理发展经验介绍和人才培养等热点、难点问题研讨，各类工程项目管理经验交流，监理理论研究及前沿技术介绍等。

### 《中国建设监理与咨询》征订单回执

| 订阅人信息 | 单位名称 | | | 电话 | |
|---|---|---|---|---|---|
| | 详细地址 | | | 传真 | |
| | 收件人 | | 邮编 | E-mail | |
| 出版物信息 | 全年（6）期 | 每期（35）元 | 全年（210）元（含挂号费用） | 付款方式 | 银行汇款 |

| 订阅信息 |
|---|
| 订阅自2015年1月至2015年12月，共计6期_____套　付款金额合计：￥_____元 |

| 发票信息 |
|---|
| □我需要开具发票 |
| 发票抬头：_____ |
| 发票寄送地址：□收刊地址　□其他地址 |
| 地址：_____　邮编：_____　收件人：_____ |

| 付款方式 |
|---|
| 银行汇款 |
| 户名：中国建筑工业出版社 |
| 账号：0200 0014 0900 4600 466 |
| 开户银行：中国工商银行北京百万庄支行 |

备注：为便于我们更好地为您服务，以上资料请您详细填写。汇款时请注明征订《中国建设监理与咨询》并请将征订单回执与汇款底单一并传真至中国建设监理协会信息部。联系人：王北卫　孙璐；联系电话（传真）：010-68346832。